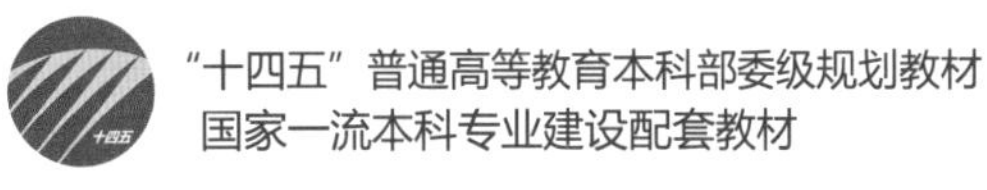

服装材料再造技法及艺术表现

FUZHUANG CAILIAO ZAIZAO JIFA JI YISHU BIAOXIAN

李洁 编著

中国纺织出版社有限公司

内 容 提 要

万物之生，天地之美。本教材着重从纺织品天然材料属性的角度讲述服装的可持续性，并运用现代材料与民族传统手工艺相结合的方式探索服装材料再造的丰富手段。通过系统讲授服装材料学和服装材料再造技法表现两部分内容，为服装高级定制、时装设计等专业和行业设计师提供参考。本教材还特别梳理出我国少数民族服饰织、染、绣传统手工技艺，内容由浅入深，逻辑清晰，通过本教材的理论学习与实践，使读者掌握服装材料再造的多种方法，并能够在民族服装材料传统技艺基础上勇于创新，在服装设计中能合理选材，更好利用材料独特性并运用科学方法，创造开发新材料。

图书在版编目（CIP）数据

服装材料再造技法及艺术表现 / 李洁编著 . -- 北京：中国纺织出版社有限公司，2023.7

“十四五”普通高等教育本科部委级规划教材

ISBN 978-7-5229-0625-6

Ⅰ. ①服… Ⅱ. ①李… Ⅲ. ①服装－材料－设计－高等学校－教材 Ⅳ. ① TS941.15

中国国家版本馆 CIP 数据核字（2023）第 097126 号

责任编辑：王安琪　华长印　　责任校对：江思飞

责任印制：王艳丽

中国纺织出版社有限公司出版发行

地址：北京市朝阳区百子湾东里 A407 号楼　邮政编码：100124

销售电话：010—67004422　传真：010—87155801

http://www.c-textilep.com

中国纺织出版社天猫旗舰店

官方微博 http://weibo.com/2119887771

天津千鹤文化传播有限公司印刷　各地新华书店经销

2023 年 7 月第 1 版第 1 次印刷

开本：787 × 1092　1/16　印张：8.25

字数：110 千字　定价：49.80 元

从远古荒蛮的时代开始，人类就与“衣”结下了不解之缘。服装材料是人类古老文明的体现，是技术与艺术的结合，是人类文明发展的标志之一。考古发现，在距今40万年前的旧石器时代，人们用树叶草木来遮体，随着狩猎生活的来临，人们开始用捕获猎物的兽皮裹身遮挡前胸后背，野兽的皮毛和植物树叶成为人类最早的服装材料。大约18000年前，山顶洞人已经将骨针、动物筋腱用来缝制兽皮衣服，这是人类缝制衣物的开端。考古还发现，有用兽骨、兽牙、鱼骨、石珠、海贝壳等做成珠子用绳串起来进行装饰的痕迹，说明先人除造衣蔽体御寒外，还利用简单的工具制造各种装饰品来装扮自己，这是人类装饰萌芽的开端。距今一万年前左右，我们的祖先在经历漫长的旧石器时代后终于有了固定的居所，男人外出狩猎，女人从事养蚕缫丝、纺布制衣，纤维的大量使用改变了原始的生活方式。新石器时代的人类开始对织物进行染色，在距今5400年前的葛布中发现回纹和条纹织物，代表着织花面料出现。

人们在生活实践中发现，把植物的韧皮剥下来浸泡在水中可以看到一些线状材料，埃及人在公元前5000年左右开始使用植物纤维——麻。距今4000多年前中国人偶然把蚕茧落入热水中发现一缕缕长丝脱颖而出，从此丝纤维就被发现，我国作为丝绸大国随着“丝绸之路”的出现将大量精美丝织物远销到欧洲，中西方贸易往来日趋昌盛。公元前3000年左右印度人开始使用棉花；大约公元前2000多年前，美索不达米亚地区开始使用羊毛。棉、麻、丝、毛这些天然纤维的发现和使用是人类进步的标志，直至今天这四大天然纤维仍然是服装材料的重要组成部分。

随着现代科技的进步，化学纤维的产生使服装材料发生了翻天覆地的变化。早在19世纪末英国人斯旺发明了硝酸纤维素丝，1925年粘胶纤维问世，1938年美国杜邦公司宣布世界第一个合成纤维问世，我们称为尼龙（Nylon），1950年奥伦（Orlon）开始生产，我们称为腈纶，1956年弹力纤维研制成功。由于化学纤维不受自然条件的制约，纤维纱线想长就长，想短则短，粗细自由选择，可以适应不同纺织品的要求，从而满足人们不同的需要，深受人们喜爱。随着纺织科学的发展，化学纤维的种类越来越多，材料日益创新，风格更加多样，产量不断提高，生产成本逐渐降低，化学纤维的使用在很大程度上代替，甚至超过了天然纤维。21世纪人们对服装的追求早已超过了对普通物质的追求，个性化、成衣化、时装化成为主流，设计师对新材料的渴望始终没有停止，服装材料的使用不断拓展，比如金属、塑料、木头等丰富材料使设计师在设计创作中有了更大的想象空间，大胆创造多样的材料也使设想成为可能。

工业化生产给人们生活带来便利的同时也产生趋同感，环保、健康、自然、智能，以及与自然界和谐共生的生活态度成为现代时尚材料的潮流，天然纤维化学化、化学纤维天然化是服装材料的发展方向。天然纤维在保持吸水、透气功能的同时还具备化学纤维的易干易洗、抗皱、免熨、防蛀等功能。化学纤维的舒适度不如天然纤维，因此就对化学纤维进行改良，使其吸湿、透气、不起静电。化学纤维面料与天然纤维面料性能的差别正逐渐缩小。为了减少污染，人们从原料到染料都选用环保产品，研制出了大豆纤维、蛋白质纤维、树皮纤维、彩棉、防紫外线纤维等环保产品。服装的智能化依靠的是材料的智能化，日本研制出“空调衣服”，它可以根据体外的温度自动调节衣服的温度，使着衣者感到舒适。“多变衣服”

是服装在不同光线下，采用特殊的纤维使面料的颜色可以随着环境变化而变化。还有“照明衣服”“可视衣服”等。现代人追求舒适轻松，研制生产符合现代人生活节奏和需求的高科技新型面料就显得十分重要。

服装辅料的发展和服装面料一样经历了漫长的历史过程，我国在战国时期已经有了刻花的石扣，宋代出现了纽扣，同时很早以前就将亚麻作为辅料，17至18世纪，西方的紧身胸衣开始使用鲸须、鲸骨作为原料，鲸须、鲸骨柔韧且有弹性，是人类发明的最佳支撑物。

党的二十大报告指出，中华优秀传统文化源远流长、博大精深，是中华文明的智慧结晶。自古以来，我国各民族服装对服装材料的选择因人而异，因地而别，因衣而定，在长期的生产生活中各民族人民在劳动中不断发现并积累了丰富的服装材料知识。各民族传统服装材料也并非一成不变，随着生活环境和生产方式的改变，服饰文化在各民族交往交流交融中也在不断地发展。

李洁

2023年3月于民大

目录
CONTENTS

第二章 材料再造

第三章 少数民族传统服饰材料

第一章

服装材料概述

在讲述服装材料再造之前，我们有必要先了解服装材料学的理论，只有掌握了相关的知识才能更好地理解和分析材料的特点，更好地利用其特点并合理地应用于现代时装艺术设计之中。本章内容包括：服装材料的纤维、服装材料的纱线、服装材料的面料、服装材料的辅料（图1-1）。

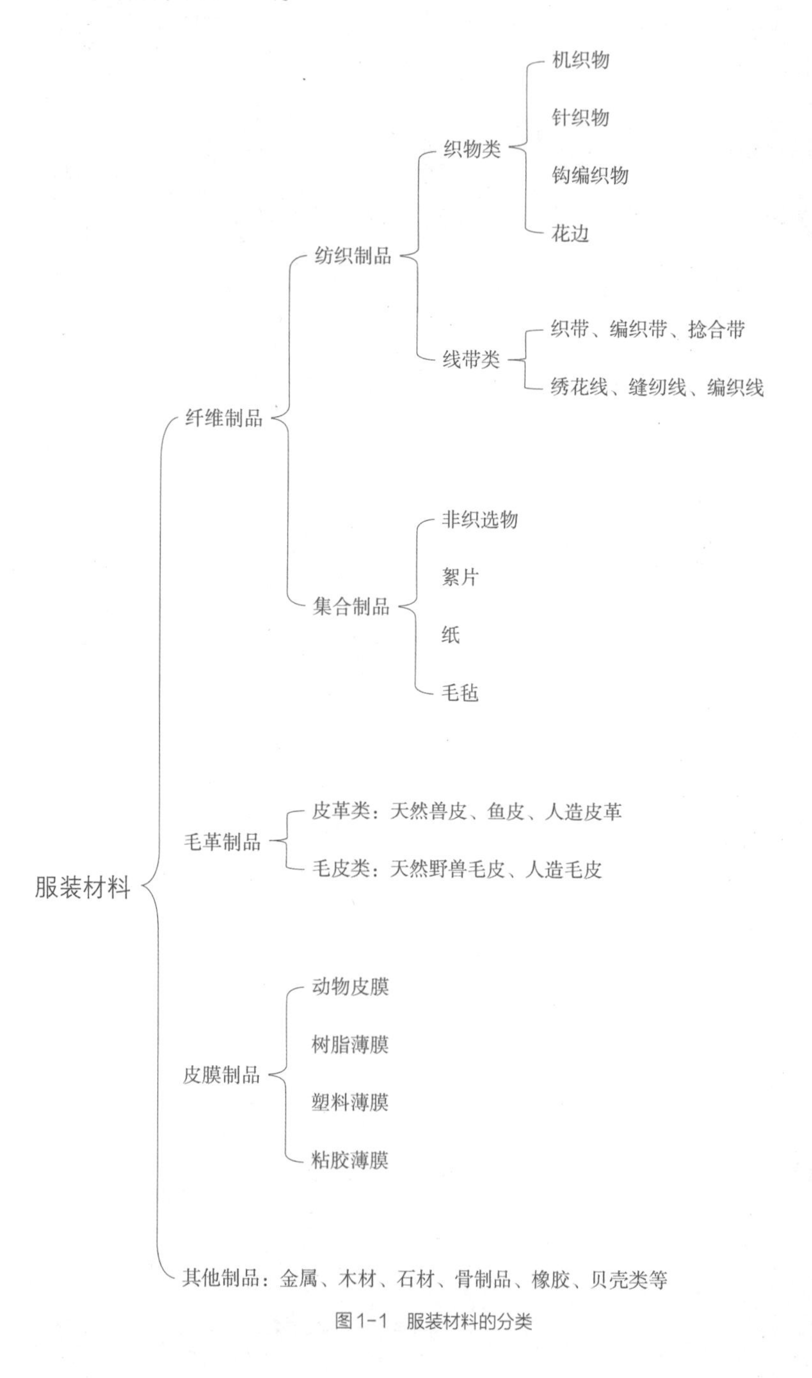

图1-1　服装材料的分类

第一节　服装材料纤维

纤维是服装材料中最基本的基本原料，它的性能和特性对纱线、织物、填充絮片等材料等都会产生直接的影响，了解纤维的种类，掌握纤维基本性能是服装设计、制作、使用及保养的关键。

一、纤维概念

自然界的纤维种类很多，但不是所有的纤维都可以用于作为服装材料，服用纤维是一种又细又长的物质，它的长度比细度大很多倍，是一种具有韧性、强度、舒适性和可纺性的线状物质。

二、纤维种类

按纤维的来源可将纤维分成天然纤维和化学纤维两大类（图1-2）。天然纤维是指从自然界中植物、动物、矿物质中直接提取的纤维物质，因天然纤维来自大自然，所以它是最环保、最安全的材料。天然纤维的使用已有上千年的历史，植物纤维主要有棉、麻、竹、藤、木、草等；动物纤维主要有家畜和野生动物等的皮毛，还有动物的分泌物，如丝；矿物纤维主要源于矿石，如石棉。化学纤维是利用各种原料，经化学作用人工制造出来的纤维，可分为再生纤维和合成纤维两大类。再生纤维所用的原料为天然高聚物，如木材、甘蔗渣等，经纺丝形成纤维。合成纤维是以石油、煤、天然气等为原料，经化学加工而形成的纤维，如涤纶、腈纶、氨纶、丙纶等。

（一）天然纤维

天然纤维是人类发现和使用最早的服用纤维，它质地舒适柔软，安全环保，几千年来受到人们的喜爱。

1. 棉纤维

棉纤维是棉花的种子纤维，古印度人早在公元前三千年就开始使用棉花，我国种植和生产棉花具有悠久的历史，是生产、使用、

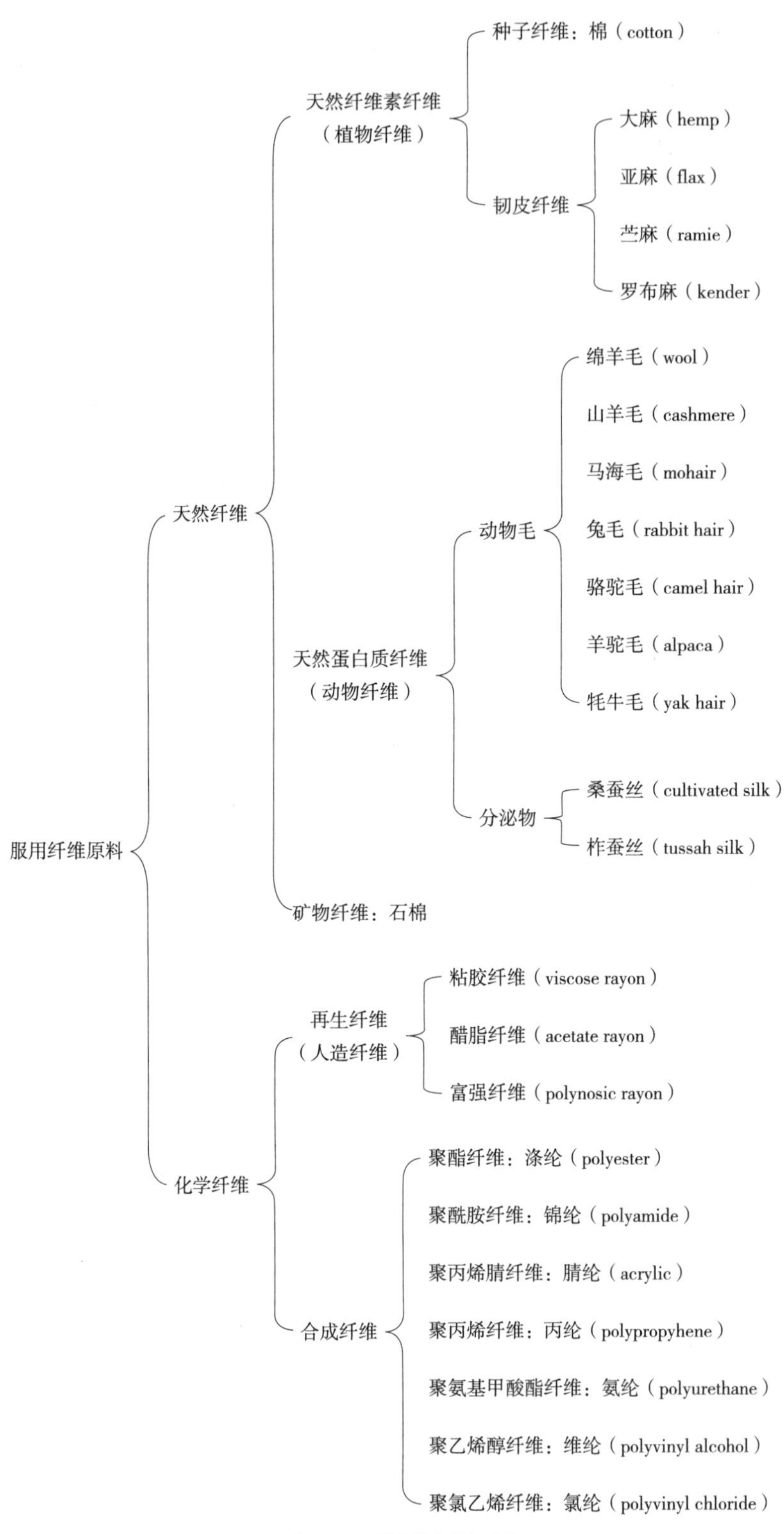

图1-2　服用纤维分类与命名

出口棉纤维的大国，河北、河南、山东、湖北、新疆等地是我国较大的产棉区。美国、埃及、印度、巴基斯坦等是世界产棉大国。国际棉花咨询委员会、美国棉花公司是世界上比较权威的、有影响力的贸易和信息发布机构。

棉纤维分为三种，长绒棉、细绒棉、粗绒棉。长绒棉又叫海岛棉，主要产于尼罗河流域，埃及的长绒棉品质是世界上最好的，长绒棉纤维较细，弹性好，纤维长度一般可达60毫米左右，主要作为高级精纺棉织物的原料，我国的长绒棉产地主要在新疆。细绒棉又叫陆地棉，种植面积最广，占世界棉花产量的比例较大，主要产于印度和中国，一般作为普通棉产品的原料。粗绒棉又叫亚洲棉，它的纤维较短，品质较差，手感硬，现在已经很少生产了。

棉纤维通常为本白色，与其他纤维相比，无光泽，染色性较好，易于染色印花。棉纤维有许多亲水分子，纤维本身中间为空腔，因而具有较强的吸水性、吸湿性、透气性，能大量吸收人体散发的汗液，并散发到织物表面，使人感觉舒适，不易产生静电，可高温水洗、烘干、熨烫。由于纤维细而短，因此它的手感柔软舒适，但弹性较差，穿着和洗后容易起皱变形，经常摩擦的地方易变薄，经常折叠的地方易损坏。它耐碱不耐酸，酸性物质会使纤维变硬变脆，所以人体汗液中的酸性物质会使衣物损坏，穿着时要及时洗涤。由于耐碱性较好，可使棉织物在碱性溶液中浸泡，不施加压力，任其收缩，会使织物丰满、紧密有张力。棉纤维在一定的湿度下，会产生霉菌损坏衣物，因此棉织物在保存时要注意防潮。

2. 麻纤维

麻纤维是植物的韧皮纤维，是人类最古老的天然纺织纤维，考古发现，公元前5000年埃及人开始使用麻纤维，公元前4000多年我国就用麻织布制衣。天然的麻种类很多，能用在纺织上的纤维主要有亚麻和苎麻。亚麻主要产自俄罗斯、比利时、德国、爱尔兰等国家，我国的产地以黑龙江和吉林为主。苎麻又称“中国草”，它起源于中国，目前中国、巴西、菲律宾是主要生产地。麻制品凉爽不贴身，透气性好，一直沿用至今，适合用作夏季服装，但受地理环境的影响，麻的产量远低于棉，加之风格独特，所以它的成本较高。

麻纤维具有自然粗犷的特点，同时具有吸湿性好、散热快、湿后不贴身的优势，织物表面凉爽，不易起静电。麻纤维有较高的强度，耐水洗，但弹性是天然纤维中最小的，织物比较粗硬且易起皱，折叠的地方容易断裂，所以在保养时不宜重压，减少折叠。它的耐碱性不如棉纤维，耐酸性较棉纤维强，织物在潮湿环境下易生霉菌，保存时须注意多通风。

3. 毛纤维

毛纤维属于天然蛋白质纤维，多指羊毛纤维。早在旧石器时代人们就开始利用动物的皮毛遮体御寒，几千年来羊毛纤维以其优质高贵的性能备受人们青睐。由于羊毛的产地、品种、生长部位不同，品质有很大的差异，所纺织出来的毛织品档次也参差不齐。澳大利亚、新西兰、阿根廷、俄罗斯、中国都是世界上的羊毛生产大国，其中澳大利亚是世界最大的羊毛出口国，其美利奴羊毛是世界上最优质的羊毛，产量最大，新疆、内蒙古、青海、西藏等是我国羊毛最大生产地区。国际羊毛局（IWS）是世界上最权威的羊毛研究和发布机构，国际羊毛局的纯羊毛标志是世界著名的纺织品质量保证商标。

毛纤维手感柔软，吸湿性是天然纤维中最好的，不起静电，羊毛卷曲蓬松，保暖性好，是冬季服饰的理想面料。毛纤维有光泽，染色牢固，不易褪色。表面有像头发一样的鳞片覆盖，起保护作用。在加热、加湿和揉搓等外力作用下，纤维产生黏合、绞缠、黏缩等现象，使织物缩短加厚，导致羊毛制品具有缩绒性，抗皱能力和保型能力明显下降。为改善羊毛的黏缩现象，人们通过破坏其鳞片，研制出来防缩的精纺羊毛织物。羊毛耐酸不耐碱，保养不当易生虫和霉菌。

4. 蚕丝纤维

蚕丝纤维属于蛋白质纤维，是蚕的分泌物形成的纤维。我国是蚕丝的发源地，早在公元前2600年人们就开始养蚕制衣了，我国的蚕丝生产量和出口量居世界首位，蚕丝制品保留了许多传统手工艺的特色，至今在世界上占有重要位置。此外，日本、意大利也生产蚕丝。蚕丝分为家蚕丝和野蚕丝两种，家蚕丝即桑蚕丝，主要产地在江浙一带以及安徽等地；野蚕丝以柞蚕丝为主，产地主要在东北。桑蚕丝表面光亮，手感细滑，柞蚕丝光泽度和手感都不如桑蚕丝，但吸湿性、耐热性优于桑蚕丝。

蚕丝为纤细的长丝，是天然纤维中最细的，穿着舒适，可染成各种颜色，色泽牢固，不易褪色。它的强度高于羊毛，吸湿性好，可加工成各种厚度，可薄如蝉翼做夏季服装，也可织成厚的织物做冬季服装使用，摩擦时会出现轻微响声，这是丝制品特有的“丝鸣”现象。它的耐酸性差，所以出汗后要及时清洗衣物。蚕丝耐光性差，日照时间久会使纤维变黄变脆，因此在晾晒时最好阴干。蚕丝不宜漂白，洗涤时应避免碱性洗涤剂，最好用丝绸专用洗涤剂，在清水中加少量白醋，能改善外观和手感，延长其使用寿命。蚕丝和其他天然纤维一样，容易生虫长霉，在收藏时须保持干燥通风。

（二）化学纤维

1. 再生纤维

再生纤维是棉短绒、木材、芦苇、甘蔗渣等含天然纤维素的材料经过化学处理加工而成，粘胶纤维和醋酯纤维是典型的再生纤维。粘胶纤维是诞生较早的化学纤维，形态分为短纤维和长丝两种，短纤维称为人造棉，长丝称为人造丝，它具有天然纤维的基本特征，手感光滑柔软，悬垂性好，颜色多，色泽鲜艳，吸湿性比棉、丝都好，不起静电，透气性好，穿着舒适，同时织物弹性差，容易起皱，不易恢复，耐碱不耐酸，湿度大时容易发霉，不耐高温，定型能力差，强度差。

2. 合成纤维

合成纤维是石油、煤、天然气等低分子原料，经化学聚合和机械加工而形成的纤维。合成纤维原料丰富，品种多样，生产效率高，用途广泛，随着科技的进步，合成纤维快速发展，不断满足人们的需要。我们传统上常说的“七大纶”是服装上用途较多的合成纤维。

（1）涤纶

涤纶于1946年研制成功，性能优良，用途广泛，深受人们喜爱。涤纶有长丝和短纤维两种，用于各种混纺和纯纺产品，有和天然纤维混纺的棉涤、毛涤、麻涤等产品，也有完全模仿天然纤维外观和手感的仿毛、仿麻、仿丝产品，能够达到以假乱真效果。涤纶面料弹性和恢复性较好，面料挺括，不起皱不变形，加工和遇水后形态保持不变，吸湿性差，导热性差，故容易产生静电，吸附灰尘，穿着有闷热感。可经过热定型工艺使涤纶面料产生永久性褶裥，强度高，结实耐用。

（2）锦纶

锦纶由美国杜邦公司于1938年研制成功，我们认识锦纶是从尼龙袜开始的，锦纶分成长丝和短纤维，有光泽，有弹性，耐磨性好，但保型性不如涤纶，外观不挺括，长丝容易被尖硬物勾丝，短纤维易起毛起球，吸湿性差，易起静电，它耐碱不耐酸，光照时间长会使织物变黄。穿着时感觉闷热，适合做手套、袜子、运动衣、登山服、风衣、降落伞等。

（3）腈纶

腈纶于1950年研制成功，商品名为开司米纶，腈纶纤维的性能酷似毛，又被称为“人造毛”，可纯纺或与其他纤维混纺。腈纶柔软蓬松，保暖性能好，与羊毛相比色彩鲜艳，耐晒，可机洗，易洗易干，不霉不蛀，缺点是易起静电，易生灰。摩擦后起球起毛，耐日照但耐磨性差，这直接影响腈纶的品质，也是它无法代替羊毛的主要原因。主要的腈纶制品有膨体纱、毛衣、地毯、服装、仿裘皮制品等。

（4）丙纶

丙纶是合成纤维中“最年轻”的一个，1960年首先在意大利生产，生产工艺简单，成本较低，价格低廉，有长丝和短纤维两种，长丝用来制作仿丝绸，短纤维主要用于非织造物。丙纶外表有光泽，不易染色，密度小，有一定弹性和恢复性，不易起皱，不易变形，保型性好。它不易吸水，不透气，在使用过程中易起静电，易起球，遇高温容易老化变形，甚至熔化，耐酸碱，抗虫蛀和霉菌，可作工作服、渔网等。

（5）维纶

维纶于1950年在日本投入生产，目前生产维纶的国家很少，中国、朝鲜是主要生产国。维纶的吸湿性是所有纤维中最好的，外观手感与棉相似，但染色差，色彩不鲜艳，易起球。它的耐热性差，高温会使纤维强度变低，造成织物变形甚至溶解，但耐化学性强，耐光照，长期放在恶劣环境下，对织物影响不大，耐腐蚀性好，不霉不蛀，结实耐用。维纶织物较少用于服装，主要在工业上使用。

（6）氨纶

氨纶于1945年由美国的杜邦公司研制，商品名为莱卡（Lycra），氨纶弹性高，故又称弹力纤维，高弹性大大改善了服装的合体度，在紧贴人体的同时又能保持较高舒适度。抗霉抗虫，耐热性差。现在很多织物为提高织物的稳定性和保型性，都在织物中加少量的莱卡。氨纶织物抗霉抗虫，但耐热性差，广泛应用于运动装、袜子、牛仔布、文胸、T恤衫等。

（7）氯纶

氯纶在我国的云南研制成功，所以又称滇纶。其工艺简单，成本低廉，是最便宜的合成纤维。它吸湿性差，染色困难，但弹性好，不起皱，绝缘性强，是最不易燃烧的纤维，耐酸碱，不溶于浓硫酸，所以一般用于制作绝缘布、过滤布、防毒面具等。

三、纤维性能

纤维的种类对服装的性能、加工工艺、款式、价格、市场销售都起着重要的作用，设计师在选择服装材料的时候要考虑纤维的外观性、舒适性、耐用性、保养性，有针对性地寻找和开发符合设计需要的材料，通过款式结构，充分体现纤维的外观美和内在特性。

（一）外观性

纤维的外观性决定服装的美感、光泽、薄厚、质地、手感、悬垂性、弹性、抗皱性、是否易起静电、易起球和服装的造型。每种纤维外观都有各自的特点和风格，棉纤维朴实自然，对肌肤有亲切感；麻纤维大气粗犷，有自然的感觉；丝纤维高贵典雅，飘逸悬垂，有贵族气质；毛纤维含蓄稳重，有量感；化学纤维研发较快且变化丰富，具有一定的流行性。

（二）舒适性

舒适性是指人穿着时生理和心理的感受，它主要由纤维的导热性、吸湿性、排汗性、重量和延伸性决定。导热性是纤维传导热量的能力，如果纤维能把身体里的热量很快传导到体外，人体会感到凉爽，因此导热性好的纤维，如麻纤维、棉纤维，适合做夏装，导热性差的纤维则会使体温散发得慢，保暖性好，如羊毛、丝、腈纶等，适合做冬装。吸湿性是指纤维吸收或排出水分的能力，一般在干燥的环境下，静电多，在潮湿环境下，静电现象少或不会出现。吸湿性好的纤维能把人体内的汗水大量吸收到纤维内，使纤维含有一定湿度，服装穿着时不会起静电，不吸灰，穿着舒适，如棉纤维、毛纤维等。吸湿性差的纤维会导致人体内的汗水无法排出，使衣服吸附在身体上，穿着不舒适。

（三）耐用性

耐用性是指纤维在使用、保养过程中，其材质、形状保持稳定不变的能力，主要由强度、延伸性、耐磨性、耐光性、耐热性、耐化学性能等因素决定。强度、延伸性、耐磨性属于物理性能，都要有外力作用，耐磨性好的纤维适合做童装、运动装、工作装，耐磨性差的适合做演出服和流行性强的时装。耐热性是指纤维抵抗高温的能力，纤维在一定的温度下变形、熔化，使强度、弹性减弱。耐化学性指纤维抵抗化学破坏的能力，如漂白、丝光、印染、洗涤过程中化学物品对纤维的影响，合成纤维耐酸碱的能力高于天然纤维。

（四）保养性

保养性是指纤维材料在穿着、洗涤、熨烫、储存过程中功能、形状保持不变的特性，不同的纤维有不同的保养方法，洗涤衣物时，应根据纤维性能选择适合的洗涤剂、洗涤方式、水温、晾晒方式，熨烫时化学纤维温度不宜过高，天然纤维可选择较高的温度，同时，在保管时天然纤维须注意防霉防虫。

第二节　服装材料纱线

纱线是纱和线的总称，它是由各种纤维经过加工捻合而成，纱线是制作服装材料的基础，主要包括各种织物和线带类，纱线的性能对材料的性能有着直接的影响。随着现代科技的发展，纺纱设备与工艺都有了很大的进步，纱线的外观、手感、风格、品质变化也非常丰富，新型纱线的成功研制，标志着新材料的诞生，新的材料会给设计师带来新的灵感，从而设计出更新的产品以满足人们的需求。

一、纱线分类

按纱线的原料和加工工艺的不同，其分类方法也多种多样：

（一）按纱线原料分类

1. 纯纺纱线

由一种天然纤维纺成的纱线，如纯棉纱线、纯毛纱线。

2. 混纺纱线

由两种或两种以上纤维合成纺出的纱线，如棉涤纱线、毛涤纱线等。

3. 化纤纱线

由一种或多种纯化学纤维纺成的纱线，如纯涤纶纱线、涤纶粘胶混成的纱线。

（二）按纤维形状分类

1. 短纤维纱线

天然短纤维和化学短纤维经过各种纺纱加工使纤维捻合在一起，形成的纱线叫短纤维纱，如棉麻纱。短纤维纱线结构疏松，手感舒适，纱线表面有光泽。

2. 长丝纱线

天然蚕吐出的长丝捻成的纱线或直接由高聚物溶液喷丝而成的线叫长丝纱线。由一根长丝纱线组成的叫单丝，通常用于制作丝袜、丝巾、轻薄而透明的面料；由多根单丝组成的叫复丝，通常用于制作缎子、电力纺、里料等。由复丝捻成的长丝叫复合捻丝，如双绉。

（三）按纺纱工艺分类

1. 普梳纱

指经过普通梳理加工的纱线。

2. 精梳纱

指在普梳纱基础上又经过精纺工艺加工而成的纱线。精梳纱比普梳纱的纤维要平滑，纱线均匀，有光泽，如府绸、华达呢等。

二、纱线捻度和捻向

捻度是纱线品质优劣的又一指标。单位长度上的捻回数，称为捻度，捻度直接影响织物的外观、弹性、强度和耐用性等。纱线的捻向分为S捻和Z捻两种，捻向对织物的光泽、手感、外观的效果呈现起很大的作用。捻度增加纤维伸长变形加大，影响织物弹性，同时使纤维间的空隙减少，导致纤维难以活动，容易断裂，会缩短织物使用寿命。因此，设计师在选择织物时捻度和捻向也是要素之一。

（一）外观性

纱线的结构对服装表面的光泽有很大的影响。长丝纱织物表面光滑细腻、发亮、均匀，短纤维纱有毛羽，不光滑，无光泽。同一根纱线捻度大小不同织物对光的反射也不同，无捻纱线的光线从各根纤维表面散射，纱线显得无光泽，随着捻度的增加光线从较光滑的表面反射，反射量随着捻度增加而增大。但当捻度继续加大时，纱线表面凹凸不平，光线散射增加亮度减弱。绉织物表面的小颗粒状皱纹是采用强捻纱线织成的，织物表面反光柔和，绒面织物的纱线捻度较低，便于加工时让纤维形成绒状。

（二）舒适性

人们对着装最基本的要求就是舒适，织物的性能是由纱线结构决定的，纱线结构决定纤维内部之间有无很多缝隙，空气可以在这些缝隙中形成空气层，使纱线蓬松，所以有助于提高织物透气性。另外，孔隙大的松散纱线会加快身体与衣服之间的空间转换，产生凉爽的感觉。纱线密可防止空气在纱线中的流动，也会有暖和感觉。纱线的吸湿性是服用性的一项重要指标。吸湿性好，衣内水汽就能很好地渗透出来，有较好的透气性，舒适性也更好。长丝纱吸湿性差，若贴身穿着，身上的湿气很难透过织物散发。短纤维纱捻度高，纤维细的纱线织成的织物手感光滑细腻，表面有光泽，织物较薄，而捻度低的织物手感比较蓬松柔软。

（三）耐用性能

纱线的强度、弹性、拉伸变形性直接影响织物和服装的耐用性。通常长丝纱强度高于短纤维纱。因为长丝纱的纤维粗细相等，受力均匀，强度大，纤维结构紧密，经反复摩擦纱线不易断裂。纱线的结构会影响弹性，纤维弹性好，则为卷曲状，可以移动，当有外力作用时纤维很快从卷曲变直，当外力消失，纤维将恢复到原来状态，弹性纤维使织物不易破损。但如果拉力过大，纤维就会伸长，将在纱中脱落，纤维被破坏，即使再放松，纱线也不会恢复到原来状态，而是失去弹性并永久性拉长。捻度影响织物的耐用性，捻度大，纤维之间摩擦力大，纱中纤维不易脱落，但拉伸能力差；捻度小，拉伸能力增大，但恢复性降低，从而影响服装的保型性。捻度如果过低，纤维抱合力过小，呈受外力强度的能力明显降低。捻度小的纱线服装表面易勾丝起球。捻度过大织物僵硬，易断裂，强度减弱，因此，纱线的捻度要适中。

第三节　服装面料

服装的面料大都是指纱线织成的柔软织物，纱线的多样性造成服装面料种类的多样性，面料从不同角度可以分以下几类。

一、织物分类

（一）按原料分类

1. 纯纺织物

由一种纤维织成的织物称纯纺织物，如棉织物、麻织物、毛织物、丝织物、涤纶织物、锦纶织物等。纯纺织物能充分体现此纤维的基本特征。

2. 混纺织物

由两种或两种以上纤维先混纺成纱，再织成的织物称混纺织物。它包括用天然纤维混纺成纱织成的织物，如棉麻织物、棉毛织物、丝毛织物等，还包括棉涤织物、毛涤织物、毛腈织物、涤麻织物等用天然纤维与化学纤维混纺成纱织成的织物。混纺织物能体现出所使用纤维各自的优越性，弥补对方的不足，提高织物的服用性能。

3. 交织织物

经纱和纬纱各使用不同纤维的织物，如丝毛交织物，经线为真丝，纬线为毛纱；丝棉交织物，经线为人造丝，纬线为棉纱。交织织物的特征由经纬纱的特征决定，纱线性能不同，织物的性能也不同。

（二）按加工方法分类

1. 机织物

由经纬两个方向的纱线有规律地相互交织而成的织物。由于纱线原料不同、密度不同、交织规律不同、后整工艺不同都会使织物的外观、风格、服用性产生差异。机织物的特点是织物结构相对稳定，不易变形，方便裁剪加工，花色种类多，现在我们穿着的服装大部分面料都是机织物。

2. 针织物

用织针将纱线弯曲成圈，并相互串套而形成的织物。针织物伸缩性好，可多向延伸，外力作用伸拉后可迅速恢复原来状态，同时不易起皱。由于针织物是线圈结构，纱线捻度都小于机织物，所以纤维有孔状，它的质地柔软，透气性能好，穿在身上无压迫感，适合贴身穿着，具有合体性。但由于针织物结构是圈状，所以当一根纱线断裂时，其他线圈也会相互脱离。针织物捻度小，纤维比较松散，易于活动，针织物边缘有自然的卷边现象，它的结构不稳定，形状随时变化，在裁剪和制作时尺寸不好把握。

3. 非织造物

也可称为无纺布，即不按传统纺纱、机织、针织的工艺流程所织成的织物，它是由纤维网经过机械或化学的方法加固而形成的集合物。非织造物弹性和悬垂性都不如机织物和针织物，也缺少亲和力。非织造物种类多种多样，用途也比较广泛，近年来开始越来越多地应用到服饰中，如人造毛皮、絮片、垫料等。

（三）按纺纱工艺分类

按不同的纺纱工艺可分为精纺织物和粗纺织物两大类。用长而细且细度和长度较均匀的纤维纺成的纱叫精纺纱，再用精纺纱织成的织物是精纺织物。反之，用相对较粗的纤维纺成粗纺纱，再织成粗纺织物。如在同类毛织物中，可分为精纺毛织物和粗纺毛织物，棉织物也可以分为精纺棉织物和粗纺棉织物。精纺织物与粗纺织物相比表面平整，有光泽，轻薄，可贴身穿着，品质好。

（四）按染整工艺分类

1. 白坯布

由纱线直接织成的布，不经过任何染整加工的织物称为白坯布，坯布一般不能直接用于服装面料，但有时追求环保自然的风格也有将白坯布直接制成服装的情况。

2. 漂白织物

坯布经漂白加工后所获得的织物称为漂白织物。

3. 染色织物

坯布经漂白加工，再进行染色的织物称为染色织物。

4. 印花织物

坯布经漂白加工再进行印花，出现各种颜色的图案的织物称为印花织物。

5. 色织物

先把纱线或纤维进行漂白染色，再用不同颜色的纱线织成的织物称为色织物。

二、织物组织与结构

各种原料经过清洗整理等加工形成干净整齐的可纺纤维，然后将纤维纺成具有服用性能的纱线，再将纱线按一定的组织规律织造成不同结构的坯布。面料的组织结构包括机织物组织和针织物组织。纤维的原料、纱线的类型和织造组织对织物的结构、外观、性能具有重要的影响。

（一）机织物组织

机织物在织造过程中，横向为纬纱，纵向为经纱。当经组织点和纬组织点的排列规律在织物中达到一个循环单位时，该组织单位为一个完全组织。织物的组织变化决定了织物的性质、种类的不同。基本组织包括平纹组织（图1–3）、斜纹组织（图1–4）和缎纹组织（图1–5）。除此之外还有变化组织、复杂组织、联合组织等。在基本组织的织物中，平纹织物最挺括，斜纹、缎纹最柔软；缎纹织物最有光泽，斜纹、平纹其次；平纹织物最结实，而斜纹、缎纹织物最容易损坏。

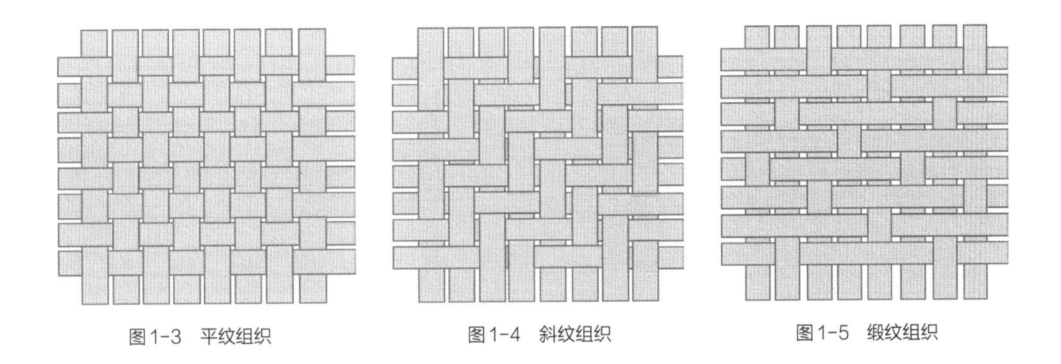

图1-3　平纹组织　　图1-4　斜纹组织　　图1-5　缎纹组织

1. 平纹组织

平纹组织最简单的织物组织，经纬纱每间隔一根就进行一次交织，因此，纱线交织频繁。经纬组织点数相同，纱线弯曲多，组织表面平整，光泽性差，织物正反面看上去相同。平纹组织质地牢固，耐磨性好，手感较硬。如果经纬纱采用不同粗细，不同捻度，不同原料，不同密度，不同花色纱线，就会织出不同风格的织物。平纹组织面料在服装中应用非常广泛。主要产品有平布、府绸、双绉、花呢、麻纱等。

2. 斜纹组织

斜纹组织是指经纱（纬纱）连续浮在（两根或两根以上）纬纱（经纱）上，这些连续的浮长的线构成斜向织纹。斜纹织物表面有明显的斜向纹路，其密度大于平纹组织，织物比较紧密厚实，斜纹组织交点少，有浮长线，使织物稀疏，比平纹织物柔软，有光泽，弹性也好于平纹织物，但强度不如平纹织物。斜纹织物在服装中应用也很广泛，主要产品有牛仔布、斜纹布、华达呢、哔叽、美丽绸等。

3. 缎纹组织

缎纹组织每间隔多根经纱或纬纱才发生一次经、纬相交，且这些组织点为单独的，不连续的，分布均匀且有规律。缎纹组织的一个循环越大，浮线越长，织物越柔软，富有光泽，特别是使用光亮捻度小的长丝纱时，光亮度更明显。由于缎纹织物的浮线浮在织物表面，因此织物易勾丝、起毛、耐磨性差。主要产品有桑波缎、绉缎、软缎等。

（二）针织物组织

针织物与机织物主要是纱线的联结方式不同。针织物以线圈方式相连，是利用机针将纱线弯曲成圈状，并相互串套而成的织物。它可分为经编针织和纬编针织两种不同的方法。在编织时一根纱线形成线圈后沿着织物的经线方向互相串套相互形成的织物叫经编针织物；在编织时一根纱线形成圈后沿纬线方向相互串套而形成的织物叫纬编针织物。针织包括机械编织和手工编织两类，按照线圈的结构和排列分为基本组织、变化组织和花式组织。针织物质地松柔，有较大的弹性和延伸性，不起皱，洗涤方便。近年来，针织物在服装中应用越来越广泛，常见于运动装、童装、内衣、袜子、手套、毛衫、T恤和针织外衣等。针织基本组织包括纬平组织（图1–6）和罗纹组织（图1–7）等。在基本组织的基础上，改变线圈的结构，或几个基本组织相匹配而成的变化组织和花色组织。

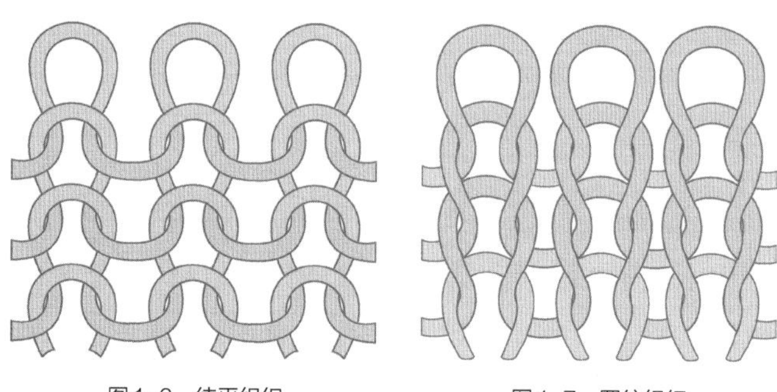

图1–6　纬平组织　　图1–7　罗纹组织

1. 纬平组织

纬平组织又称为平针组织，由连续的单元线圈相互串套而成，织物正面平整有纵向条纹，反面有横向的线圈。纬平组织延伸性能好，织物有严重卷边现象，适用于内衣、袜子、外套。

2. 罗纹组织

罗纹组织是织物正反面线圈纵向有规律地组合而成的组织，具有较大的弹性和延伸性，无卷边现象，适用于袖口、领口、弹力较大的内外衣等。

3. 正反面组织

正反面组织由正面线圈横列，反面线圈横列相互交替配置而成，正反面都有线圈存在。正反面组织织物比较厚实，不易发生卷边现象，弹性和延伸性较好，适用于毛衫、手套、袜子等。

三、织物基本性能

在选择服装织物之前，首先要对织物的外观、耐用性、舒适性、保养性有所了解。不同的织物纤维和纱线的性能不同，纱线的组织和结构不同，织物的性能也不同，只有了解织物的性能才能准确地选择合适的织物，充分体现服装的款式特征。

（一）织物外观性

1. 染色牢度

染色牢度是有色织物在加工、使用的过程中受到日晒、摩擦、洗涤、汗渍、熨烫等外界因素影响而使织物颜色保持不变的能力。染色牢度受纤维的原料、染料的性能、染色的方法工艺的影响。

2. 悬垂性

因织物的自重自然下垂的状态称为悬垂性。悬垂性好的织物给人一种潇洒流畅的感觉，织物越柔软越重，悬垂性越好。丝、毛、粘胶织物悬垂性好，棉织物悬垂性差。一般裙装、晚礼服、婚纱等需要悬垂性好的织物。悬垂性受纤维捻度、密度的影响，柔软且密度松的纤维，有助于提高悬垂性。织物厚重，密度紧密，则悬垂性差。

3. 抗皱性

织物受外力作用下抵抗弯曲变形的能力称为抗皱性。它与纤维的弹性大小有很大关系，弹性大的织物受力弯曲后能迅速恢复到初始状态，其抗皱能力强。抗皱能力强的织物制成的服装，穿着时挺括，不易起皱，外观保持良好，如毛织物、合成纤维织物抗皱性能好，麻、棉织物抗皱性能差。在服装设计加工过程中，我们有时需要衣物出现有规则的褶皱，这时需要使用变形弯曲弹力好的织物，有助于服装成型，褶皱不易打开。

4. 免熨性

织物经洗涤后不熨烫仍能保持平整状态的性能称为免熨性，俗称“洗可穿”。纤维吸湿性小，水分不易吸到纤维内部，湿态下织物弹性好，缩水小，免熨性能好；纤维吸水性强，湿态下织物表面不平，有明显变形现象，免熨性差，洗涤后需熨烫整形，如天然纤维织物、人造纤维织物。

5. 抗缩性

织物在使用过程中受热回缩、遇水回缩或织物尺寸自然收缩的现象称为抗缩性。受热回缩是织物经高温熨烫、热水洗涤或热气熏蒸导致织物收缩。合成纤维温度越高，收缩越大，导致熔化。遇水回缩是纤维吸湿性好，遇水膨胀，使纤维变粗，织物收缩，毛织物水洗后缩水现象较严重，并有毡化现象。天然纤维织物遇水收缩明显，合成化纤纤维几乎不缩水。自然回缩是织物在自然存放过程中产生的收缩现象。这是因为衣料在纺、织、染、整过程中受机械拉伸的外力作用，使纤维、纱线、织物变形拉伸，当外力去除后，织物便自然回到放松状态。

6. 抗起球性

抗起球性是织物经多次摩擦，纤维伸出织物表面出现绒毛及小毛球的能力。织物起毛球后，服装外观会变差。纤维短而细，捻度小，易起球。平纹组织起球状况轻，缎纹组织较严重。棉、麻、丝织物和再生纤维织物不易起球，毛织物有时有起球现象。合成纤维普遍存在起球现象，涤纶、锦纶织物最严重，丙纶、腈纶次之。粗纺比普纺织物易起球。针织物比机织物易起球。

7. 抗勾丝性

织物在使用过程中，被尖硬物勾扯，使纤维或纱线露出织物表面引起挑丝或断丝的现象叫勾丝。勾丝现象不仅影响织物的外观，还直接影响织物的耐用性。一般短纤维中织物的，捻度大的织物表面平整，不易被勾丝，而长丝织物、针织物和有浮长的缎纹组织勾丝现象明显。

8. 防静电性

织物吸水性差，表面干燥，与外界或人体摩擦后会产生静电现象，静电多发生在气候干燥地区，尤其在我国的北方，静电导致织物吸尘吸毛，有“放电”现象，衣物缠身，影响服装的外观美，也不能很好地展示服装的款式。尤其是化学纤维静电现象较严重，为防止静电也可在织物后整理时进行处理。

（二）织物耐用性

衣物在长期穿着后，要保持外观的完好，同时又经得起外力的破坏，这就要求织物提高其耐用性。

1. 耐磨性

耐磨性是衣服在穿着过程中，抵抗织物与外界物体经常发生摩擦的部位出现起毛、褪色、破损的能力，一般臂部、肘部、膝部、袖口、裤边经常被磨损。耐磨性是由表及里的，取决于纤维、纱线、织物的组织结构和摩擦对象，一般平纹织物耐磨性最好，缎纹最差；粗纤维比细纤维耐磨；合成纤维比天然纤维耐磨；织物厚的比薄的耐磨。

2. 拉伸、撕裂、顶破性

织物受外力超负荷作用，导致织物破坏称为拉伸破坏，织物局部纱线被异物勾住或被东西夹住，使组织发生断裂，这种破损行为称撕裂。作用于织物表面垂直的力使织物破损，称为顶破，这些现象影响织物的外观形态，使织物耐用性降低。

（三）织物舒适性

穿着衣服不仅要耐用、外观好看，还要考虑到它的舒适性。舒适性主要由织物的性能来决定，包括透气性、吸湿性、保温性。

1. 透气性

透气性指空气穿透织物的能力，也叫通气性，这里的“气”包括空气中的水蒸气和水分，以及人体散发的汗水。透气性好的织物能迅速吸收紧挨皮肤的水分，散发到体外使人体感觉舒服，有助于排掉人体散发的热气，适合做夏季衣物。透气性与纤维的捻度、密度、组织，以及织物的密度、厚度有直接的关系。纤维粗，纱线捻度大，透气性好，厚织物、平纹织物比薄织物、缎纹透气性小，天然纤维织物透气性好于化学纤维织物。

2. 吸湿性

吸湿性指织物吸收气态分子的能力，主要是吸水和吸湿气的能力。吸湿强弱由纤维的吸湿能力决定，水分子依附在亲水纤维表面，容易进入纤维内部的吸湿性能好，相反则吸湿效果差。因此人们在选择面料，尤其是内衣面料时一定要选择吸湿性优越的，它能有效地将人体代谢的汗气快速排出体外，起到调节温度的作用，使人感到清爽舒适，吸湿性差的织物可用于做外衣、风雨衣。天然织物吸湿性优于化学纤维织物。

3. 保暖性

着衣时织物阻止体外冷空气进入体内，体内热量不易排放到体外，织物对热量传递的阻挡作用称保暖性。影响织物的保暖性因素较多，包括织物的透气性、吸湿性、热传导性等，织物厚实、密度紧、纤维细软、密度大都有助于增强保暖性，棉毛织物保暖性较好，麻纤维保暖性差。

4. 保养性

保养性主要包括织物洗涤、熨烫、防霉、防蛀，它们是由构成织物的纤维性决定的。洗涤可分干洗和水洗，棉、化纤织物可水洗，水洗时要注意温度；毛织物最好干洗，以防止缩水状况出现，影响使用；麻、丝织物水洗后要熨平，最好选择专用洗涤剂。熨烫时要掌握各种织物的极限温度，如温度低，不易熨平，如温度高，会破坏纤维牢度或使组织纤维熔化，出现破损。化纤织物具有防虫防霉功能。天然织物在贮藏时须保持空气干燥、通风，也可放入一些樟木等防止虫子生成，吃咬织物，延长衣物的使用寿命。

四、常见织物种类与特征

（一）棉织物

1. 平布

平布是以纯棉纱线织成的平纹织物，其经纬线的粗细和密度完全相同，根据纱线的不同大体可分为细平布、中平布和粗平布（粗布）。细平布布身轻薄，光洁平滑，手感柔软，适用于内衣、婴儿服装等；中平布用中等粗细的纱线织成，厚度适中，结实耐用，适用于衬衫、内衣等；粗平布是用较粗的棉纱织成，表面粗糙，布面硬厚，有微小凹凸感，结实耐用，适用于服装的软衬、外衣等。

2. 府绸

府绸是用较细的棉纱线织成的高密度的织物，它的布面有明显的光泽，纱线排列紧密匀整，手感细滑。按纺纱工艺可以分为普梳、半精梳和精梳三种，普梳府绸质地稀疏，光泽度和柔软度不如精梳府绸，类似平布，适合做中档服装；精梳府绸质地轻薄，细密，表面有光泽，类似丝绸的手感，是男女高级棉衬衫的理想材料。

3. 泡泡纱

泡泡纱布面有明显的凹凸现象，凹凸部分按不同的需要可加工成各式各样的泡泡状，是立体感较强的织物，由于它表面不平整，所以穿着时布面不会完全贴在身上，透气性好，不易出褶，长期使用后，泡泡会逐渐变平整，适合做睡衣、童装、裙子等。

4. 牛津布

牛津布由经纱、纬纱颜色不同的平纹变化组织交织而成，因曾经作为英国牛津大学校服衣料，故称为“牛津布”。手感柔软，色彩自然，气孔多，透气性好，穿着舒适，多用于男女外衣、裤、学生装等。

5. 卡其

卡其是棉织物中密度最大的斜纹织物，质地紧密结实，纹路清晰，布面有光泽，手感挺括。由于密度过紧，染色时染料不易渗透到纱线内部，布面经摩擦会磨掉表面的纱线，露出白色线芯，它的密度会使耐磨性下降，领口、袖口、裤口等处纱线容易断裂，导致服装磨损，适合做制服、工作服、茄克、风衣等。

6. 牛仔布

牛仔布是一种质地紧密、结实、耐用的斜纹棉织物，它的经纱用染色线，纬纱用漂白线，两色相间，正面呈经线颜色，反面呈纬线颜色，表面斜纹纹路明显。由于它的密度大，布身厚实，挺括，但耐磨性差，领口、袖口、裤口经常摩擦后会发生布面变白或断裂现象，在设计时也会利用这种特点，形成独特的仿旧风格。牛仔布有薄厚之分，颜色丰富，可水洗，砂洗可出现绒面感觉，适合做牛仔衣裤、茄克等。

7. 绒布

将平纹或斜纹的织物经单面或双面起绒，使纤维成为绒毛状的织物，可分单面和双面绒、平绒和斜绒等。由于绒布表面起绒，所以手感蓬松，保暖性好，贴身穿着舒适，有一定的吸湿性和透气性，绒布表面进行过拉绒处理，所以破坏了它原有的强度，长期使用会使绒面变薄，绒布适合做童装、睡衣等。

8. 灯芯绒

灯芯绒织物表面有条状的绒毛耸立，绒毛丰满圆润，纹路清晰，质地厚实，根据绒毛条状的粗细，可分为粗条绒和细条绒。灯芯绒服装经常摩擦的地方，绒毛容易脱落，洗涤时过分用力也会破坏绒毛的组织，使其脱落，灯芯绒服装在裁剪时一定注意毛绒的倒顺方向，倒向和顺向颜色会一深一浅，影响服装的美观，适合做休闲西服、茄克、裙、裤等。

（二）麻织物

1. 亚麻布

用亚麻纤维纺制成的平纹布，手感较棉布硬挺，表面有小绒毛，刚性大，吸湿透气，散热性能好，穿着不沾身，高织纱亚麻布垂感好，但亚麻布易出褶，抗皱能力差，弹性差，适合做男女夏装、裙、裤、衬衫等。

2. 苎麻布

用苎麻纤维纺制成的平纹布，其透气性好，清凉爽滑，散热性好，出汗后布不沾身，但弹性差，不耐折，不耐磨，常摩擦的领口、袖口、裤口处容易损坏，影响外观完整性，是夏季理想的材料。

（三）毛织物

1. 华达呢

华达呢属于高档精纺毛斜纹织物，正反面都有明显的斜纹纹理，正面向右斜反面向左斜，经线密度大于纬线密度，经线斜纹角度63° 左右，质地紧密，伸拉有弹性，表面光洁细滑，色彩柔和，可分为单面华达呢和缎背华达呢。华达呢是常见的西服、女裙、裤等服装的材料。

2. 哔叽

哔叽属于高档精纺双面斜纹织物，斜纹角度45° ，纹路宽平有身骨，有弹性，手感软糯，有薄厚之分，颜色以素色为主，适合做春秋男女各式服装、裙、制服、鞋、帽。

3. 派力司

派力司是传统轻薄精纺平纹织物，采用色毛和白色毛混合织成，呢面散布着混色的雨丝状条纹，这是派力司的主要特征。其表面光洁，手感挺括，是夏季男女西服、裙、长西裤的理想用料。

4. 中厚花呢

板司呢、海蒙呢、牙签呢都属于精纺中厚花呢。板司呢面有小格或细格状花纹；海蒙呢呢面呈山形或人字条状花纹；牙签呢呢面具有凹凸条纹，富有立体感，中厚呢外形特征明显，呢身挺实，富有弹性，花色丰富，配色协调，耐磨性好，成型性好，不易起皱，适合做男女西服、茄克、中山装、风衣等。

5. 礼服呢

礼服呢是精纺毛织物中历史悠久的高级面料。它纱线细致，密度大，是精纺毛织物密度最大且最厚的产品。它呢面平整、光滑，质地厚实有弹性，手感饱满，是冬季男女高级西服、制服、大衣的理想材料。

6. 粗花呢

粗花呢属于粗纺毛织物，可用单色、混色、花式、合股等纱线采用平纹、斜纹或变化组织纺织成人字纹、条纹、点纹、提花纹等多种花色织物，造型活泼。粗花呢呢身较厚，粗犷大方，色彩协调，适用于男女西服上衣、女裙装、时装。

7. 大衣呢

大衣呢属厚重的粗纺织物，原料不同可分高档、中档和低档。品种有平厚大衣呢、立绒大衣呢、顺毛大衣呢、花式大衣呢等，其风格多样，质地多样，手感厚实，光泽柔和，适合做男女中长大衣、风衣等。

（四）丝织物

丝绸属于高档天然织物，其华丽的外表，优雅的光泽，飘逸的风格受人垂爱，根据加工方法和组织结构可分为纺、绉、绫、锣、绸、缎、锦、绢、葛、纱等。

1. 电力纺

电力纺也称洋纺，属平纹组织织物，无正反面区别，电力纺表面细密，耐磨性好，质量轻薄，手感爽滑，有天然丝绸明亮的光泽，透气性好，穿着舒适凉爽，适合做夏季男女衬衫、裙子、里料。

2. 杭纺

杭纺是纺类最重的，因最早产于杭州故称为杭纺。杭纺为平纹组织物，绸面光滑，色彩光泽自然柔和，质地较厚，坚固耐穿，挺括，凉爽，适合做裙、裤、男女衬衫等。

3. 双绉

双绉是外观呈绉形态的一种丝织物，在织造过程中，采用平经绉纬的织造方法，使织物表面出现皱纹。双绉表面柔软，质地轻，有一定弹性，穿着时衣服不易贴皮肤，穿着透气凉爽，缩水率大是它的缺点。双绉经砂洗加工成为真丝砂洗双绉，织物质地变厚，悬垂性好，表面有绒感，手感腻滑，有仿旧风格，适合做衬衫、连衣裙、裙等。

4. 绫

绫表面有显著的斜纹组织纹路，品种较多，可分为素绫和提花绫。素绫表面有山形、条形等纹样，提花绫有龙纹、麒麟、寿纹等吉祥图案。绫表面有光泽且平滑，多用于装裱书画或工艺品包装盒。由于手感稍硬，在服装上用量不多。

5. 罗

罗属罗纹组织组成的丝织物，因盛产于杭州故名“杭罗”，表面纱孔横向排列称“横罗”，呈直条排列称“直罗”，杭罗孔眼明显，透气性好，散热快，适合做夏季男女衬衫、裙裤等。

6. 缎

缎是缎纹组织中有代表性的产品，其浮长线较长，采用无捻或弱纱线，缎面光泽度好，平整光滑，其背面为斜纹纹路，软缎织物分素软缎和花软缎两种，素软缎表面无花纹，色彩鲜艳，高贵优雅；花软缎为提花组织，表面多为牡丹、菊花、龙、凤吉祥等纹样，色彩对比强，雍容华贵。软缎织物因捻度小，有浮长，因此耐用性差，摩擦易起毛，纱线易断裂，适合做睡衣、高档服装的里料、绣花衣等。

7. 桑波缎

提花组织的真丝缎，正反面均为缎纹组织，一面是地，另一面是花。其缎面有微微的波纹状，表面光滑，手感柔软，不起滑，纹样丰富，适合做男女衬衫、连衣裙等。

8. 织锦缎

织锦缎是我国丝织物中最精致的产品。缎面光洁，背面为横条纹状，纱线精细，密度紧，色彩绚丽，图案多采用传统纹样，如梅、兰、竹、菊、牡丹花、龙凤等动物纹样、吉祥文字和风景人物等，适合做中式服装、高档礼服、戏装等。

9. 绢

绢是平纹组织，质地较轻薄，纱线细密，表面平滑，手感挺括，适合做外衣、女装等。

10. 绡

绡属平纹丝织物，质地稀薄，透明或半透明状，质地挺括，孔眼清晰，由于其轻薄，故透气性好。

11. 乔其纱

乔期纱采用平纹组织组成，织物表面有均匀的细小纱孔，具有轻薄透明的效果，悬垂性好，手感光滑，清爽透气，有飘逸感。

12. 香云纱

香云纱多为黑色或褐色，织物表面油亮，质地较硬，正反两面颜色往往不同，背面颜色比正面浅，手感清爽，不沾皮肤，不耐折，折后有纸的感觉。

第四节　服装材料辅料

服装材料除面料以外都是服装的辅料。辅料包括里料、衬料、垫料、絮填料、拉链、纽扣、绳带、花边、线、珠片等。辅料在整个服饰中的地位越来越重要，人们逐渐从追求服饰表面的款式、色彩、面料美进而追求内在的品质。服饰辅料的种类很多，用途也较广，涉及服饰的各个领域，可以根据服饰用途、功能、造型款式、档次高低、面料特点等选择相应的辅料，辅料与面料如配合得当，可以提高服饰的整体造型效果和艺术表现力，也可以提高产品的档次。

一、里料

里料俗称里衬或里子，指服装最里层用来全部或部分覆盖服装的衬料，一般外衣或中高档服装要有里衬，里子的性能、品种、外观对服装有着重要的影响。现在里料越来越受到人们的重视，许多高档品牌的里料也会定织定染，在里料上织印有品牌的文字或商标，可提高产品档次，同时在销售中起到广告宣传作用。

（一）里料作用

1. 保护面料

里料可以全部或部分减少人体与面料的摩擦，使容易起毛球的面料不易损坏，还可以防止人体的汗渍沾污面料，使有些不耐酸碱的面料减少腐蚀，延长使用寿命。

2. 舒适美观

里料往往都选用质地较为光滑的织物，尤其对于面料较粗糙，手感涩的织物可以改善穿脱不畅的现象，起润滑作用，光滑的里子还可以使穿着合体的旗袍、西服的人活动时减少摩擦，活动自如舒适，并使经常弯曲的部位，如膝盖、肘等地方的面料挺括，外观不易变形。里料不但使外观保持完美状态，还可以遮盖服饰缝制时的缝头、线头、衬垫等，使其内部干净美观。

3. 保暖衬托

带里料的服装可以增加服装的厚度，起到一定的保暖作用，对于轻薄面料或透明、半透明面料，里料还有衬托遮盖作用，使面料挺括，不裸露。

（二）里料种类与性能

服装的里料要和面料相统一。第一，要色彩相协调，一般面料和里料的颜色色调要相近，或里料颜色浅于面料颜色，以防止面料被里料颜色污染，但在有些设计中为取得色彩的特殊效果，选择用面料的对比色或邻近色作里料颜色，突出其内外色彩的对比效果。第二，要注意里料的缩水性、洗涤保养性与面料相一致，以免因缩水率不同，使衣服内外长短有变化。第三，里料的产品档次要与面料相统一，高档次面料选择低档次里料会降低产品档次和信任度，低档次面料配高档次里料，无形中提高产品价值，不经济实用。

1. 按材料分类

可以分为天然纤维里料、化学纤维里料、混纺里料。

天然纤维里料包括纯棉和真丝织物，纯棉布透气吸湿性能好，不起静电，穿着舒适，颜色丰富，保暖效果好，洗涤方便，价格低廉，适合做婴幼儿服装、便服、中低档服装的里料，但表面光滑度稍差，不适宜作为合体服装的里料。真丝里料光滑度好，质地轻薄柔软，吸湿性好，透气性强，无静电，亲肤力强，穿着舒适但真丝里料耐用性差，不耐碱，出汗后要马上清洗，价格较高，适合做高级礼服，西服的里料。

化学纤维里料主要包括尼龙绸、涤纶绸、美丽绸、塔夫绸等。由于其吸湿透气性差，最大的缺点是容易起静电，穿脱时不舒适，不宜贴身穿着，但其价格便宜，结实不起皱，易洗易干，保型能力强，耐酸碱，因此在服装中应用也很普遍，适宜做风衣，中低档服装。

混纺里料主要有棉涤混纺里料、醋酯纤维与粘胶纤维混纺里料等，它的性能介于天然纤维里料和化学纤维里料之间，价格适中，是茄克、风衣等中档服装的里料。

2. 按加工工艺分类

可分为全里与半里，活里和死里。全里是指面料内部全部配有里料，通常用于高档服装；半里是在经常摩擦的膝部、肘部、臀部加配里子，减少摩擦；活里是可以随时拆卸的里子，这种里子往往针对面料不宜经常洗涤的面料，如缎类、皮毛类、羽绒服等；死里是指里料和面料完全结合，不能拆卸，只能一起洗涤。

二、衬、垫、絮

服装的衬料、垫料和絮填料是介于面料和里料之间的材料，可以起到保暖、造型、支撑等作用，是辅料中的重要组成部分。

（一）衬料

不同的服装产品因其款式、功能的不同，衬料的用量从一层到多层不等。

1. 衬料的作用

衬料是服装的骨架，起到造型支撑作用。它可以帮助面料达到造型的目的，如肩衬可使肩部平挺、饱满，胸衬可使服装隆起圆润，还常常用在时装特殊的造型中起支撑作用。衬料还可以起到修饰人体缺陷的作用，如溜肩、驼背等可用衬垫加以矫正。

在服装容易被拉伸的部位，如袖口、门襟、口袋、开衩处加上衬料可以使面料不易被拉伸，保护造型，稳定尺寸，洗涤后不易变形出皱，保持挺括，起到定型保型作用。

衬料用在服装上可以增加一个保护层，厚度增加，提高了服装的耐用保暖性。

对于轻薄柔软的织物（真丝、绸缎）或面料质地光滑的织物（薄真丝、丝绒）等在缝制过程中，不易握持，加工困难，在袖口、下摆、开衩、门襟等处用衬后可以改善加工中的难度，提高缝制的工作效率，使外观造型清晰，有利于加工。将衬料用在服装需要刺绣的部位，可使面料平挺，绣出的纹样不变形。

2. 衬料的种类与性能

衬的种类十分丰富，可根据面料的不同、使用部位的不同、加工方式的不同选择相应的衬料。

棉衬分软衬和硬衬两种，以适应服装软硬、厚薄的需要，软衬是不加浆处理的，手感柔软，一般用于挂面、裤腰、裙腰等处；硬衬是经过上浆处理的，手感硬挺，有一定的造型能力，适合于各种服装的加工使用。麻衬比棉衬硬挺，弹性好，多用于高档服装。毛衬包括黑炭衬和马尾衬，黑炭衬弹性好，常用于高档服装的胸衬和驳头衬等；马尾衬受到原料限制，产量低，由于其弹性好、柔软、硬挺，属于高档衬，价格较贵。为提高马尾衬的产量，降低成本，近年来研制出了包芯马尾衬，既可作为马尾衬的替代品，也作为高档服装用衬。

化学衬包括树脂衬、粘合衬等。树脂衬是将纯棉或涤棉，纯麻或涤麻平纹织物浸扎树脂整理加工而成的衬布。树脂质地硬挺，弹性好，尺寸稳定，广泛作为衬衣领衬、腰衬、口袋衬等。粘合衬包括机织粘合衬、针织粘合衬、非织造粘合衬、热熔粘合衬。机织粘合衬是用机织织物为底布，在底布上涂胶而成，根据用途不同，有薄、中、厚之分；针织粘合衬是用针织织物为底布的粘合衬，主要为针织面料的服装做衬，因为针织织物弹性高，易变形，需选用具有同样性能的衬配合，多用于针织衬衫、针织薄料外衣等；非织造粘合衬即无纺粘合衬是以非织造布为底布，成本低，价格便宜，重量轻，不变形，切口不脱落，使用方便。由于无纺粘合衬的规格、品种繁多，符合现代服装轻、薄、软、挺的流行趋势，符合人们快速的生活节奏需求，因此使用范围越来越广，用量也越来越大，主要用于腰衬、领衬、时装衬等。粘合衬可以作为主衬，主要用于大身前后片领、驳头等，主要起造型保护作用，还有附衬可用于袋口、腰带、领头、门襟、袖口、贴边等局部造型，粘合衬与衣料粘合牢固，快捷，不缩水，尺寸保持不变，不起泡，不起皱，保形性好，透气性好，裁剪缝制自如。

（二）垫

垫是为了服装的造型或修饰人体体形的不足，使服装穿着挺括，美观，是服装局部使用的材料，主要有胸垫、肩垫、臀垫、袖山垫等。

1. 胸垫

胸垫一般用于西服和大衣前胸夹里，可使服装外形饱满，多采用毛衬，经缝制加工成为立体胸垫，增加服装的立体感。

2. 肩垫

肩垫又称垫肩，是用在服装的肩部的衬垫物，能够使人穿着后有挺拔、健美、板正的感觉。垫肩可以是固定在肩部的，还可以做成随意摘取的，用纽扣、尼龙搭扣加以固定。

垫料的形状与厚度的选择要根据服装面料的厚度，以及衬垫的目的、形状、特点来定，为了使用衬垫后不影响服装的整体效果，衬垫料与面料配伍是选择的主要原则，质地薄的面料要选择薄型衬垫，质地厚的面料要选择厚衬垫，浅色面料要选择浅色衬垫，不同季节穿着的服装要考虑其透气性和吸湿性。经常水洗的服装选择耐水性强，不变形的衬料，需要干洗的服装要选择适合干洗的衬料，应考虑到洗涤、熨烫的尺寸稳定性，按照服装的档次选择适宜的衬垫。

（三）絮

絮是填充于面料与里料之间的材料，在这两层之间填充絮料主要是为了保暖。随着纺织科技的发展与人们生活品质的提高，絮填料的作用和种类日益增多，不但可以保温还可以降温、防紫外线等。

1. 棉絮

棉絮是历史最悠久的絮填料，吸湿透气性好，蓬松柔软，无化学成分，属环保产品，多用于婴幼儿服装。棉花的弹性差，受压后棉纤维被压扁，水洗后棉纤维粘在一起，无蓬松感，影响其保暖性。

2. 动物绒

动物绒主要指毛与化纤混纺成的人造毛和长毛绒，保暖性好，遇水遇灰易沾，用它们作为服装填充料可使外观挺括，不臃肿，是冬季服装的填充料。

3. 丝棉

丝棉作为絮料因其价格昂贵，一般用得较少，它是由蚕茧或乱丝整理而成的形似棉絮。它重量轻，弹性好，保暖性好，是高档服装填充料。为减少成本，同时让人享受到丝棉絮料的优良性能，人们已研制出了纺丝棉填充料，应用较为广泛。

4. 化纤絮填料

我们常见的化纤絮填料有“腈纶棉”“中空棉”“喷胶棉”，在棉服中用得较多，它轻而保暖，易洗涤，洗后易干，不易变形，并可根据所需尺寸任意裁剪，加工方便，物美价廉。

5. 羽绒

羽绒主要是鸭绒、鹅绒。羽绒轻盈，蓬松，具有优秀的保暖防寒作用，在寒冷的冬季深受人们的喜爱。羽绒属纯天然材料，受各种因素影响产量低，因此价格较贵，含绒量的大小是衡量羽绒制品档次高低和保暖性强弱的指标。

6. 毛皮

毛皮分为天然毛皮和人造毛皮两大类。天然毛皮皮板密实挡风，绒毛覆盖在表面十分温暖，因此高档毛皮多用作裘皮服装面料，普通的中低档毛皮，通常作为皮袄，起到了絮填料的作用。人造毛皮作絮填料幅宽大，接头少，裁剪加工方便，易洗涤保养，可作为天然毛皮的替代品，常用到冬季服装中。

三、纽扣

纽扣的历史十分悠久，据考证，我国在战国时期就已经使用刻有花纹、造型别致的石扣。早期的纽扣主要是天然材料的纽扣，如石扣、木扣、鲸骨扣、藤扣、金属扣等，随着新材料的不断涌现，出现了不同材质，不同肌理效果的纽扣。服装有流行的款式，流行的色彩，同样也有流行的纽扣。

（一）按结构分类

1. 有眼扣

有眼扣的中间部位有两个或四个等距离的小孔，以便用线缝到服装上。有眼纽扣多用于衬衫或薄型面料。

2. 有脚纽扣

有脚纽扣的背面有凸出的扣脚，脚上有一孔，如是金属纽扣，背面有一金属环，以便将扣子缝在服装上，有脚纽扣表面无孔，保持纽扣的完整性。因扣脚有一定高度，故有脚纽扣适合厚型面料使用。

3. 按扣

按扣也称子母扣，分缝合按扣和非缝合按扣。缝合按扣表面有孔，将其缝在需要搭按的面料上；非缝合按扣是用压扣机铆钉在服装上。按扣开关方便，一般为金属材料，扣紧强度高，常用在牛仔服、休闲服、童装或不宜用线缝的皮革服装上。

4. 编结扣

编结扣也称盘扣，是用绳带或服装面料缝制的布带，经加工缠绕，按一定规律编结而成的纽扣，这种纽扣质地柔软，手工性强，具有一定的装饰性和民族风格，适合用于中式服装或中式礼服。

（二）按材料分类

1. 木扣和竹扣

木扣和竹扣朴素、自然，无光泽，一般使用其木质本色，适合各类棉麻织物和素色休闲装。该类纽扣吸水性强，吸水后膨胀，再次干后容易开裂、变形，导致扣子无法使用，因此要选择木质稳定性高的木材或把纽扣表面抛光上漆。

2. 贝壳扣

贝壳扣有珍珠般的光泽，表面有不规则而漂亮的纹理，色彩有深浅变化，每个纽扣都不会相同，它坚硬、耐洗涤，价格贵，广泛适用于各种衬衫、时装中。其缺点是材质较脆，受冲击后易破碎。

3. 金属扣

金属扣由铜、钢、铝、镍、合金等金属材质制成。金属扣光泽度好，结实耐用，易于装订，多用于牛仔服、羽绒服、茄克、皮革等。扣子表面还可以压制上标志的花纹，适用于厚重服装。

4. 塑料扣

塑料扣颜色丰富，款式多样，适用于各种低档服装、童装。其体轻，耐腐蚀，价格便宜，不耐热，高温会变形，熔化。

5. 树脂扣

树脂扣色彩鲜艳，造型多样，灵活性高，可制成仿贝壳、仿珍珠、仿宝石等纽扣，还可以在扣子上雕刻，制成有企业标志标识的纽扣。树脂扣现广泛用于各种服装和时装。

6. 宝石扣

宝石扣采用一些人造宝石或低档宝石加工而成。这种纽扣闪闪发光，质地坚硬，品质显高贵，造型新颖，装饰效果好，适合丝绸、化纤等光泽度好的材料服装和时装使用。

7. 皮革扣

皮革扣用真皮或仿皮的边角包覆其他纽扣而成。皮扣外观纹理变化丰富，视觉上厚实饱满，不耐磨，不耐水洗，适合于皮革服装或仿皮革服装。

在选配纽扣时要考虑纽扣大小、颜色、轻重、款式、性能、价格，所有这些因素都要与服装的面料相匹配。纽扣的大小是指纽扣直径的长短，一般扣眼要稍大于纽扣尺寸，纽扣加厚，扣眼增大。薄料短款服装用小扣、轻扣，厚料长款服装可选用大扣、重扣。扣子的颜色要与面料的颜色相协调，也有在一些时装、休闲服装、毛衣上为追求活泼的效果时选用与面料颜色对比的纽扣。

四、拉链

拉链是19世纪由美国人发明的，拉链的产生使服装款式和制作工艺发生了一些变化，它使用简便，操作快捷，深受人们的喜爱，广泛使用到各种服装中。拉链的种类可按其结构和材料的种类划分。

（一）按拉链结构分类

1. 开尾拉链

拉链的两端分离。拉链上有一个拉头，只朝一个方向拉，或有两个拉头可同时朝首尾两端拉，分别称为单头开尾拉链和双头开尾拉链。主要用于前襟全开服装、活里服装等。

2. 闭尾拉链

拉链的一端或两端都闭合。其上带有一个拉头或两个拉头，分别为单头闭尾拉链和双头闭尾拉链。单头闭尾拉链主要用于裤、裙的开口处，以及前襟半开式服装，双头闭尾拉链主要用于箱包、服装口袋。

3. 隐形拉链

链牙较细，拉链闭合后，表面看不到拉链从而不破坏服装的整体感。这种拉链较精细，常用于薄料裤裙、旗袍等女式服装。

（二）按拉链原料分类

1. 金属拉链

由铜、铝、镍等金属制成链牙装于底带上。金属拉链颜色单一，有冰凉感，较耐用。常用于厚型面料的制服、牛仔服、茄克等。

2. 塑料拉链

其质地较金属拉链柔软，链牙不易脱落，耐磨耐水洗。由于其由胶料注塑而成，这些材料可以染成各种颜色适应不同颜色的服装需要。常用于休闲服、运动服、羽绒服、茄克等。

3. 尼龙拉链

用尼龙丝呈线圈状缝制在底带上。尼龙拉链轻小，链牙细小，耐磨，富有弹性，可加工成细小的拉链，颜色丰富，适用于各种模型服装、童装。

拉链应选择拉合顺畅的，还要考虑到服装面料的薄厚、质地、颜色、使用部位、保养方式、服装款式等因素，与服装面料相配合。一般厚重面料用宽大的拉链，轻薄面料用小巧柔软的拉链，密度低，结构松的面料不宜用拉链。拉链颜色需要与服装面料颜色相统一协调，常水洗的服装最好不用金属拉链，以免生锈，需高温处理的服装不宜用塑料、尼龙拉链，泳装雨衣不宜用金属拉链。

五、绳、带、搭扣

（一）绳

绳由多股纱或线捻合而成，在服装中起紧固和装饰作用，有棉绳、麻绳、塑料绳和各种化纤绳，颜色丰富，有多色的、花色的、荧光的，五彩缤纷。如用在连衣帽的边缘绳带可以拉紧；用在裤腰上可随意调节腰部的松紧度；用于袖口、裤口和下摆处收紧时可以防风保温。为了避免绳子脱落往往在其两端打结或套扣。在选择绳子时要根据服装的面料、厚薄、颜色、款式、用途来定绳的种类。

（二）带

带是由棉、麻、丝、毛、化纤等原料机织或手工编织成扁长形的织物。它既可以用于服装紧固，还有很好的装饰效果，常用于腰带、发带、吊带、女胸衣的扣带等。带子颜色可为素色也可织成花色，纹样有几何图形和不规则图形等。根据服装的款式需要选择带子的宽窄、材质、色彩。

（三）搭扣

搭扣有两条尼龙带，一条表面有小圈紧密排列，另一条表面有小钩，手感较硬，当这两条带子接触并压紧时，小钩勾住圈，使服装连在一起。通过用力撕拉，小钩受外力作用变形，从而小圈脱出。搭扣使用方便，速度快。制作时只需一般缝合法即可。适合需要快速扣紧或开启的部位，如兜盖、背包、沙发套，也常用于婴幼儿服装。

六、花边、珠片

（一）花边

花边是各种图案装饰的带状织物，图案一般为二方连续纹样。花边用于女装、裙装、内衣、童装、时装等的嵌条或镶边。可分为机织花边、针织花边、刺绣花边、编织花边。

1. 机织花边

机织花边是用棉线、丝线、人造丝线、化纤线、金银线，通过提花机交织而成的条状织物。机织花边立体感强、质地紧密、色彩丰富、产量大。

2. 针织花边

针织花边是以锦纶丝、涤纶丝、粘胶丝通过经编机而织成的花边。其组织稀松，孔眼明显，外观轻盈，缺少立体感。针织花边的宽度可以自行设计，有些用针织花边作为服装的面料拼制成整件衣服，作为装饰服装，如紧身内衣裤等。

3. 刺绣花边

刺绣花边可分为机绣和手绣。机绣主要是用电脑刺绣机在底布上绣花。水溶性花边是其中一个特色，即以水溶性非织造布为底布，用粘胶长丝做绣花线，绣在底布上，再经热水处理使水溶性非织造物溶解，剩下立体的花边，花型比较活泼。手工绣花也常用于高档服装的装饰，图案变化丰富，富有较强的艺术感染力，产量少，价格贵，在我国少数民族地区有许多风格独特的手工绣花边。

4. 编织花边

编织花边是采用棉纱为经，棉纱、粘胶丝、金银为纬，织成的多种颜色的花边，花型、规格可根据需要改变。编织花边目前属于中高档产品，多用于时装、睡衣、礼服、婚纱等服装的装饰。

（二）珠子和亮片

珠子和亮片是服装的主要装饰辅料，珠片多用于高级时装、礼服、婚纱中，珠子是图形或其他形状的几何体，中间有小孔，便于用线将珠子串起来缝制到服装上，珠子的种类越来越多，有天然的珍珠、木珠、玻璃珠，还有人造珍珠、树脂珠、塑料珠等。亮片主要是塑料和金属制成。这些珠片在服装上闪闪发光，富丽堂皇，珠片的材质不同，价格也不同。所以装饰服装的档次也有差异，中低档的珠片广泛用于我们的服装，如毛衫、连衣裙、舞台服装等，高档珠片用于高档时装、晚装中。

第二章 材料再造

为什么要再造材料?

服装设计师力求出新，不仅从款式造型、色彩搭配、版型工艺等多维度进行创新，还会重视新材料的应用。现代服装的发展得益于科技的发展，服装材料作为服装的重要载体，随着科技的发展不断涌现新材料，并很快被广泛应用。设计师渴望新材料的诞生，但由于研发周期较长等原因无法及时满足市场需求，设计师们就试图运用多种工艺手段改变现有材料的原视觉面貌，在现有材料的基础上进行再设计，再造出有特色的服装新材料。服装材料的再创造和二次重组使材料获得新的生命，通过设计师对材料的再创造呈现给人耳目一新之感，大大满足设计师创作诉求，这时的材料就像一个艺术品，具有极高的个性和艺术性，同时具有可观的市场价值。服装材料的再创造过程绝大部分是靠传统的手工缝制技术来完成，在机械化的后工业时代，面对批量化、规格化的产品，手工制造富有温度，一针一线里流露出缝制者的情感，服装产品中或多或少的手工缝制恰恰赋予了情感价值，弥补了人们紧张生活中的情感空缺。

流行的款式、流行的材质、流行的图案、流行的风格、流行的色彩、流行的工艺……服装的流行元素推动了材料的不断创新，服装材料的再创造紧紧把握服装的流行元素，结合设计师的大胆创意，突破材料表现的局限性，实现机械化无法达到的效果，同时材料的再创造也要考虑原始材料的特点，巧妙结合原始材料风格、特点和组织结构，这样才能事半功倍，设计出自然唯美的服装应用材料。

服装材料流行变化越来越快，周期越来越短，库存积压材料给企业带来很多烦恼，耗费了大量资源。国际能源短缺的危机带给我们反思，积压材料的再利用、再创造一直是企业思考的问题，也是社会资源再利用的良性循环，对积压材料的再利用不仅使材料变废为宝，而且符合保护地球实现可持续发展的现代理念。

服装材料的再创造这里简称“材料再造”，它是指在原有材料的基础上经过设计师的巧思，运用各种可行性手段进行改造，使现有材料在肌理上、色彩上、形式上、质感上与原有材料相比发生细微或较大的变化，甚至是质的变化，从而产生新的视觉效果，为服装设计提供更广阔的原料来源，为设计师提供更多的设计灵感。现代服装设计中单纯简约的外观、不张扬的款式、精致裁剪的设计理念，逐渐使人的注意力不由自主地来关注服装的品质，材料成为很多人购买服装的首要关注点。有很多设计师的作品风格注重对材料的理解和应用，把设计的情感元素寄托在对材料的表现上，会把服装款式处理得像“半成品”，淡化人们对服装款式的关注习惯，吸引人们对服装材料关注，强调服装材料的可看性和艺术性。

对于材料再造无论是服用面料还是辅料，无论是天然的还是人工制造的，只要设计需要，具有可操作性就可以作为再造的材料。面对多种多样、不拘一格的材料，我们大体可分为点材、线材和面材。点材从平面构成理论上讲，点可以起到画龙点睛的作用，点可以连成线，也可以形成面，各种材质的珠子、亮片等都是以点为单位进行装饰的。线材是以长度为特征的，可以分为软线和硬线两种，软线包括缝纫线、绳、棉麻丝毛、化学纤维、拉链、花边等，以及铁、铝、铜丝等金属材质，硬线包括木条、金属管等。面材是平面成型的素材，包括各类纺织面料、非织造面料、纸、塑料布、皮革等，面材是服装材料再造的主体。

第一节　材料再造灵感来源

任何具有生命力的艺术都离不开生活，服装设计就是设计师利用材料把思想物化成现实，材料的再造是科技与艺术的完美结合，是手工与机械的巧妙融合，是传统与现代的有机碰撞。有些服装材料就像一幅画，设计师以自然界的万物为灵感，用针、用线、用布将他们对美好生活的热爱和所想展现的艺术思想全部注入材料中。设计师用创新的手段来体现服装材料与人的关系、与色彩的关系、与款式造型的关系，即以传统、民间、民族、大自然的各种形态，以及经典艺术作品作为创造的源泉。

一、灵感来源于自然

大自然是包括人类社会在内的整个客观世界，比如水、空气、山脉、河流、微生物、植物、动物、地球、宇宙等，他们所产生的现象释放出地球独有的绚丽，给艺术家以创作启迪，在创作时可以用写实或抽象的手法对自然界物象加以呈现（图2–1、图2–2）。

图2-1　灵感来源于自然（1）

图2-2　灵感来源于自然（2）

二、灵感来源于民间

民间活动是一切艺术形式的源泉，如节日庆典、婚丧嫁娶、生子祝寿、迎神赛会等活动，其中的年画、剪纸、春联、花灯、龙舟彩船、月饼花模、泥塑……都是直接来源于群众的智慧，这些喜闻乐见的形式美化着社会生活。把民间艺术的纹样和形式应用于服装上，除印花以外还可以通过服装材料再造的方法展现民艺风采，是形成民族风格的有效途径（图2-3、图2-4）。

图2-3　灵感来源于民间（1）

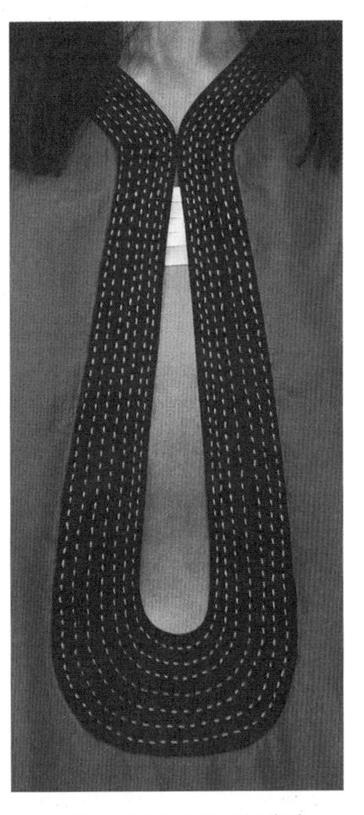

图2-4　灵感来源于民间（2）

三、灵感来源于传统

传统是历史沿传下来的思想、文化、道德、风俗、艺术、制度和方式，是发展继承性的表现，具体包括文学、音乐、戏剧、曲艺、国画、书法、习俗、工艺美术等。在中华优秀传统文化背景下，传统的元素给设计师以启发，在服装材料再造时利用传统图案或技艺与现代设计和手段相结合，以丰富服装材料的形态（图2-5、图2-6）。

四、灵感来源于民族

中国是多民族国家，各民族经长期历史发展在文化、语言、习俗、染织、服装等方面形成鲜明特色，这些民族元素给予我们无数

图2-5 灵感来源于传统（1）

图2-6 灵感来源于传统（2）

独特的创意和遐想。图案将生产劳作、图腾符号、习俗信仰、美好寄托、生活追求等以刺绣、印染的方式表现，将文化精髓融于针尖，绣在布面上，现代艺术和设计不断从民族元素中获取营养，与当代文化有机碰撞（图2-7~图2-9）。

图2-7 灵感来源于民族（1）

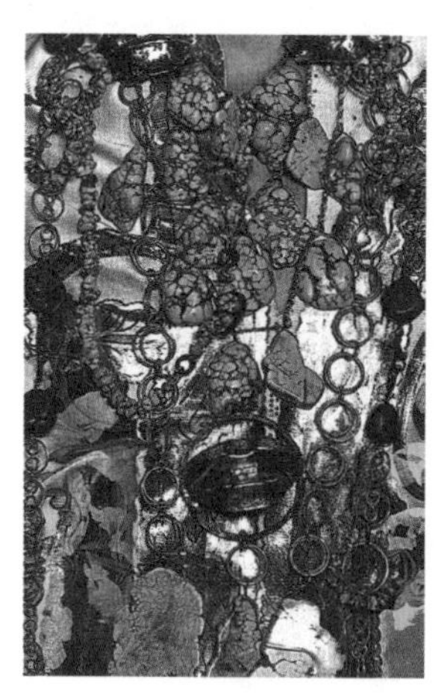

图2-8 灵感来源于民族（2）

图2-9 灵感来源于民族（3）

五、灵感来源于绘画艺术

服装再造中以纺织材料为媒介再现经典艺术作品的形象，把绘画作品穿上身。画种不同绘画语言就不同，油画、国画、版画、水彩画、插画等艺术作品自带特点，很多服装设计师喜欢将绘画融入服装款式中，提升服装艺术感染力（图2-10~图2-12）。

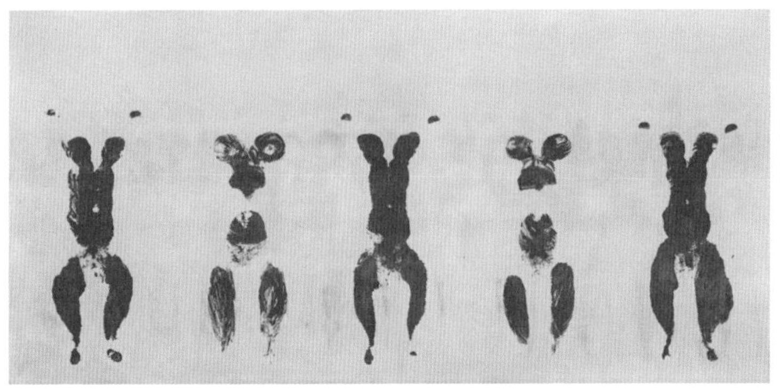

图2-10　灵感来源于绘画艺术（1）

图2-11　灵感来源于绘画艺术（2）

图2-12　灵感来源于绘画艺术（3）

第二节　材料再造技法

设计创新引领国际流行方向，创造符合现代审美的艺术思潮，把现代艺术中的抽象、空间、夸张、变形等概念融入创造服装材料中，从而为设计艺术提供更广阔的空间。服装材料再造方法多种多样，广泛应用于服装设计之中，这里可以将这些再造的方法归纳为加法再造法、减法再造法、变形再造法和综合再造法。

一、服装材料加法再造

在面料的表面添加一些材料使原有的材料变得更加丰富，强化了服装造型的表现力，增加服装的立体装饰性。常用的表现方法有镶嵌法、刺绣法、补花法、填充法、堆积法、编织法、缀饰法、叠加法和拼接法。

（一）镶嵌法

镶嵌法是我国最传统的装饰工艺之一，就是把一物体嵌入另一物体内，分为镶和嵌两种工艺，镶是指把物体嵌入另一物体内，嵌是指把小物体卡紧在大物体的空隙里。在服装中常常会看到用镶嵌的方法在面料上进行装饰，增加面料的空间感和趣味性（图2-13~图2-16）。

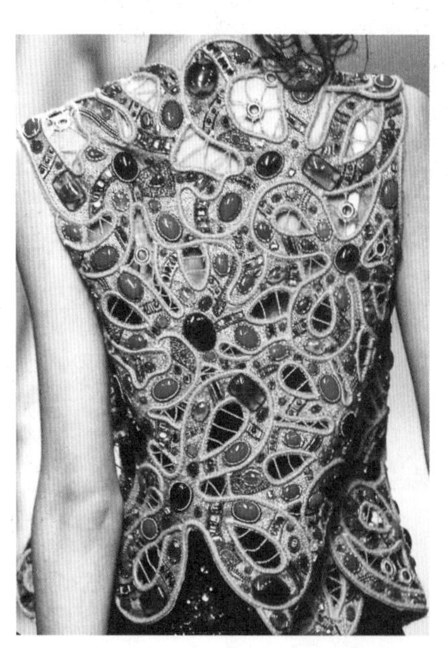

图2-13　镶嵌法（1）

图2-14　镶嵌法（2）

图2-15　镶嵌法（3）

图2-16　镶嵌法（4）

（二）刺绣法

刺绣在我国至少有两三千年的历史，是一种民间传统手工艺，也是再造中最常见的方法之一。它是用针线在织物上绣制各种图案，运用灵活。中国四大名绣有苏绣、湘绣、蜀绣和粤绣，此外还有顾绣、京绣、瓯绣、鲁绣、闽绣、汴绣、汉绣、麻绣和苗绣等也很著名。刺绣的方法多种多样，针法也十分丰富，比如平绣、挑花绣、乱针绣、堆绣等几十种。因为可以在任何材料上施绣，刺绣的面料具有其他手法无法达到的华丽效果，所以深受人们的喜爱（图2-17~图2-20）。

（三）补花法

我国补花历史可以追溯到唐朝的堆绫和贴绢，经唐、宋、明、清历代发展逐渐形成了独特的风格。补花是根据设计要求把裁剪成型的材料通过堆叠组合成图案，有的还会在图案下面加衬垫，再缝制在面料表面，补花过程：剪花→粘花→拨花→锁边→熨烫。补花

图2-17　刺绣法（1）

图2-18　刺绣法（2）

图2-19　刺绣法（3）

图2-20　刺绣法（4）

一般选择在面料比较素，本身没有太大色彩变化和花纹图案的材料上运用此法，它可以按照创意构思，独立完成面料上纹样、色彩的设计，补贴上去的纹样边缘线明显，纹样存在于面料之上。由于工艺的限制，补花的花形边缘线不易有太多小的转折，补花材料可以与面料为同一种材料，装饰效果比较含蓄；也可以选择材质一样颜色不同或者材质、色彩都不同的材料，差异越大，对比越强，纹样越突出（图2-21～图2-24）。

图2-21　补花法（1）

图2-22　补花法（2）

图2-23　补花法（3）

图2-24　补花法（4）

（四）填充法

填充法更多地应用于羽绒制品和棉絮制品，在两层材料之间填入一定的填充物，起到保暖的作用，然后在面料上根据设计要求绗缝上一些方形、菱形等几何图形或动植物纹样等，不仅起到图案装饰的作用，还起到固定填充物的功能。填充法应用于时装设计中的局部进行起鼓也比较常见，填充物可多可少，填充物多则装饰纹样较立体突出，浮雕效果强，反之为浅浮雕效果，填充法可使服装具有立体感，形成平面与立体的对比（图2-25~图2-27）。

图2-25　填充法（1）

图2-26　填充法（2）

图2-27　填充法（3）

（五）堆积法

堆积是在材料的表面根据主题，在某一局部或某几个局部缝制

适当所需的材料，如纽扣、珠片、羽毛、毛线等，使所缝制的部位高高隆起，突出装饰部位，增加动感，堆积法适用于局部装饰（图2-28~图2-31）。

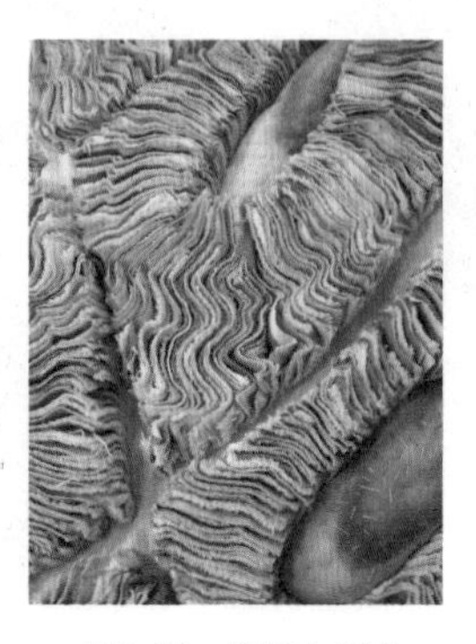

图2-28 堆积法（1） 图2-29 堆积法（2） 图2-30 堆积法（3） 图2-31 堆积法（4）

（六）编织法

利用毛、线、绳、布条、皮条等线形材料进行交织形成面形，根据设计师所需要的色彩关系、肌理关系、图案关系，在材料选择上经纬线材质和色彩可以相同，也可以不同，运用编织手法再造的材料有明显的上下起伏层次感，线越粗起伏越明显，厚重感越强烈（图2-32~图2-35）。

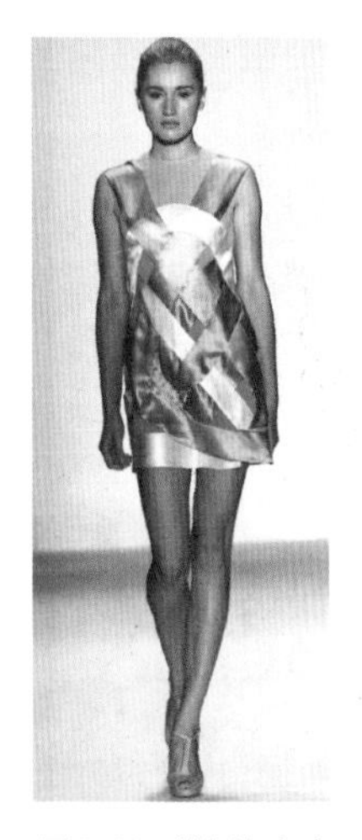
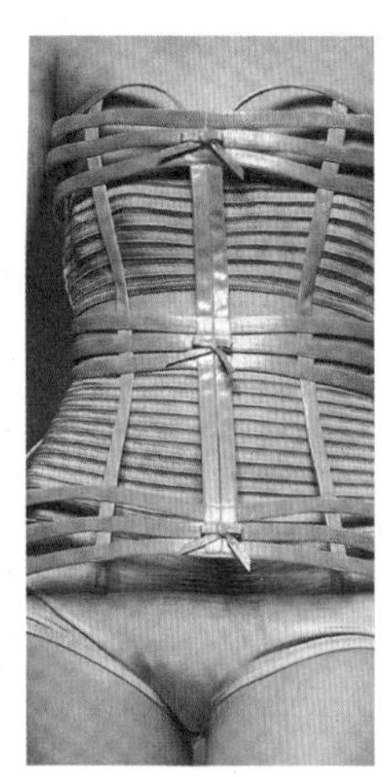

图2-32 编织法（1） 图2-33 编织法（2） 图2-34 编织法（3） 图2-35 编织法（4）

（七）缀饰法

缀饰法是材料再造中较常见的方法，它是在面料上或面料的边缘缀上各种饰品，如珠子、流苏、皮条、贝壳、金属链等，穿着服装时飘逸灵动（图2-36~图2-39）。

图2-36　缀饰法（1）

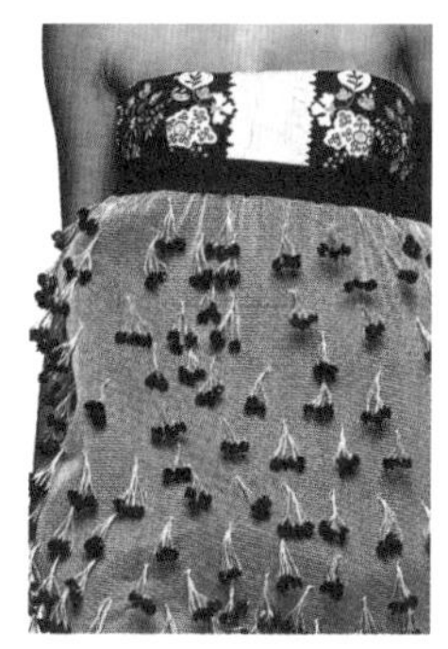
图2-37　缀饰法（2）

图2-38　缀饰法（3）

图2-39　缀饰法（4）

（八）叠加法

叠加法是通过多层面料的重叠来创造一种立体效果，形成相互交叉和互相作用的肌理。应用时可以选择面料软硬的结合、透明与不透明元素的结合、天然和人造面料的结合、纯色与花色的结合、厚面料与薄面料的结合等。不同元素的叠加要注意主次关系，烘托主题，重叠层次增多可以形成迷离的视觉效果（图2-40~图2-43）。

（九）拼接法

拼接法按设计须将一种面料裁剪成所需形状，再进行重新组合，产生错位，形成新的图案效果。还可以用两种或两种以上的面料进行有序或无序拼接，形成新的面料，再造出符合设计师要求的色彩对比和质感对比关系（图2-44~图2-47）。

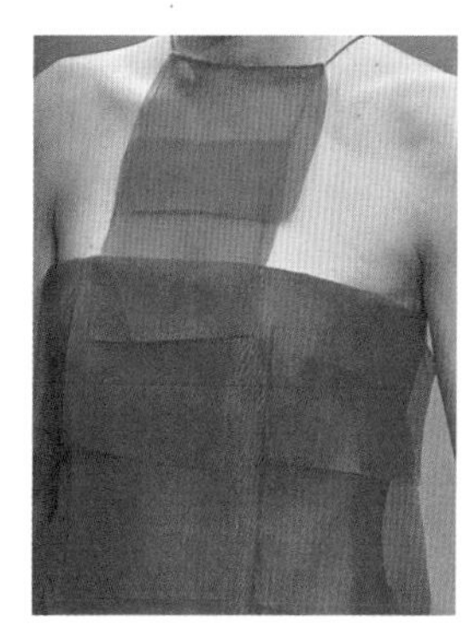
图2-40　叠加法（1）

图2-41　叠加法（2）

图2-42　叠加法（3）

图2-43　叠加法（4）

图2-44　拼接法（1）

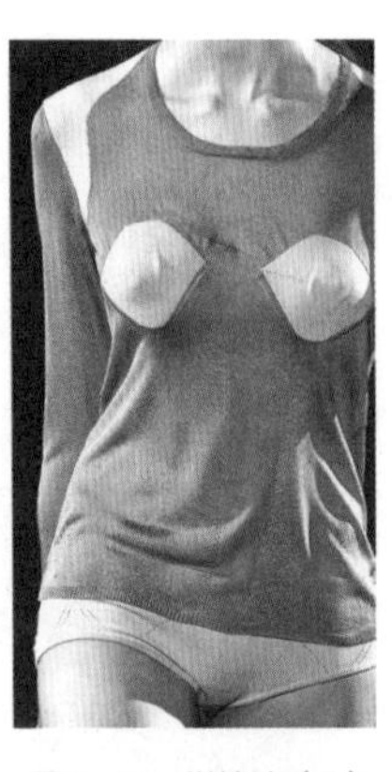

图2-45　拼接法（2）

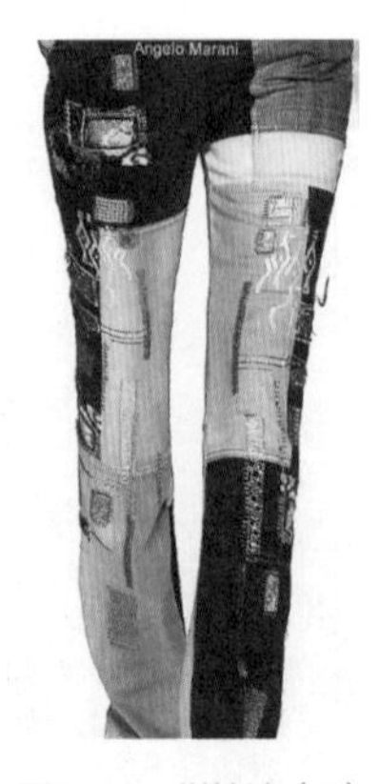

图2-46　拼接法（3）

图2-47　拼接法（4）

二、服装材料减法再造

与加法再造方法表现出的立体空间关系刚好相反，运用减法的方法主要是抽取面料的纱线，使织物疏松，破损和剪掉面料中某一部分，使纹样镂空。减法可以使服装具有空气感，它是材料再造中常见的手段。

（一）破损法

破损法彻底改变材料本身的面貌，如把面料剪碎、边缘处抽纱形成毛边等，其方法是在材料上进行“破坏”，使材料产生粗犷、破旧的、嬉皮的效果。我们常见的牛仔服装上常常会使用破损法工艺来装饰，强化牛仔面料的特性(图2-48、图2-49)。

（二）抽丝法

选择纱线较稀疏的织物在某一局部抽掉经纱或纬纱，使织物组织松动，产生透视效果，面料强度会随之减弱，如在底层衬托一种色彩的布，可产生意想不到的效果（图2-50、图2-51）。

（三）镂空法

镂空法在服饰材料上按图案设计要求剪掉其中的一些部分纹样，使面料产生虚形和实形的对比关系，材质上让人感到轻松透气、浪漫，小面积的镂空面料可以直接制成服装，夏季贴身穿着，通风凉爽。镂空面积大时可以加里料起到遮羞作用，或者选

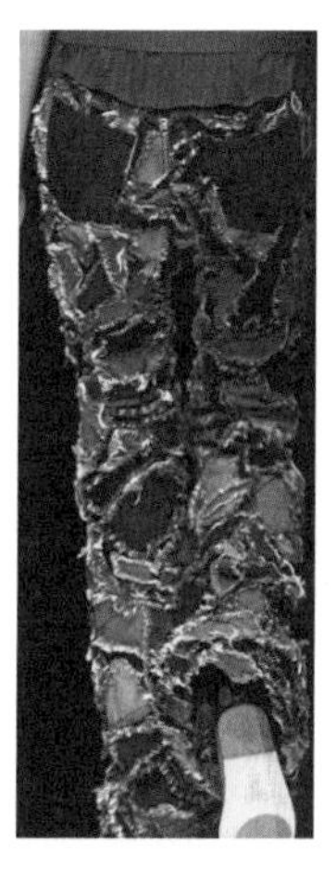

图2-48　破损法（1）

图2-49　破损法（2）

图2-50　抽丝法（1）

图2-51　抽丝法（2）

用不同颜色面料做里料起衬托作用，形成层次感且有通透效果（图2-52～图2-54）。

三、服装材料变形再造

变形也是时装中常用的一种装饰方法，经外力作用改变原有材料的平整性，表面产生起伏，形成立体感。

（一）褶皱法

褶皱法一般用在易于定性的材料中，且材料手感柔软，垂性好。褶皱形式可分为有规律的褶和无规律的褶、死褶和活褶、碎褶和大褶。依靠褶的大小、走向、疏密烘托款式造型。褶皱的制造手

图2-52　镂空法（1）

图2-53　镂空法（2）

图2-54　镂空法（3）

段多种多样，往往因款式的不同而选择相应的工艺手段，可以先压褶再裁剪或先裁剪后压褶，有些在制作完成衣后进行压褶处理（图2–55~图2–58）。

图2-55　褶皱法（1）

图2-56　褶皱法（2）

图2-57　褶皱法（3）

图2-58　褶皱法（4）

（二）扎结法

扎结是把裁剪成条状的材料手工打结，结的大小由材料的薄厚、宽窄来决定。还可以把材料的某一部分提起，用线绳缠绕扎起，形成凸起。扎结法适宜做点状的变形，而褶皱法更适合做线状或面状的变形。它们的目的都是改变原有材料的肌理，在时装中形成平面与立体的对比关系（图2–59~图2–61）。

图2-59　扎结法（1）

图2-60　扎结法（2）

图2-61　扎结法（3）

四、服装材料综合再造

除了上述常见的材料再造法以外，设计师们挖空心思开发新的工艺方法，尤其是在时装中，我们可以看见各种面料的混搭混用、新的印染工艺和新型材料的不断涌现，表现出令人意外的色彩和丰富的肌理形状，使织物日趋新鲜和多彩。单一的再造方法有时满足不了设计师的需要，往往将几种方法结合在一起使用，使材料的变化更加夸张和突出（图2-62~图2-67）。

图2-62 综合再造法（1）

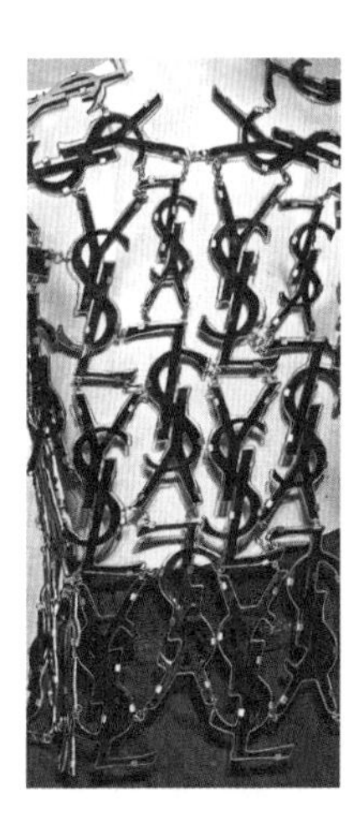

图2-63 综合再造法（2）

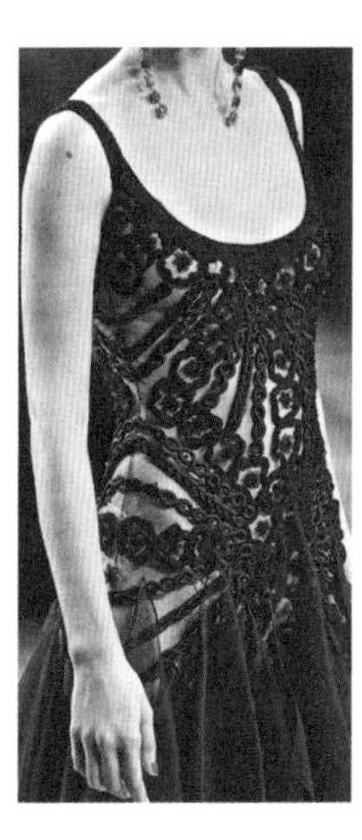

图2-64 综合再造法（3）

图2-65 综合再造法（4）

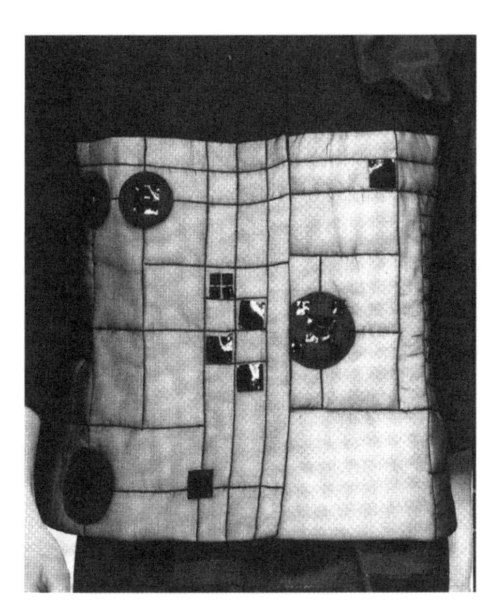

图2-66 综合再造法（5）

图2-67 综合再造法（6）

第三章 少数民族传统服饰材料

少数民族服装材料既有与世界各民族相同的特性，也有自己的地域风貌，在其风格形成过程中创造了许多优秀古老的手工技艺，创造了丰富多彩的服装应用材料。民族服装材料几乎包罗了自然界所有可用之物，智慧的先民充分挖掘利用当地特有的自然资源，人与自然相融相生。服装作为视觉识别符号，我们可以把各民族对历史的传承和对直接经验的认识在服装上生长绵延，在时尚可持续理念下寻找缓慢和永恒。民族服装材料取自自然，可分为植物原料和动物原料两类，植物原料的来源主要有棉、麻、竹、藤，木、草等，人们利用简单的工具因地制服、因物择衣，物尽其用，比如用棕榈树的树皮、露兜树的树叶用来做蓑衣、山草用来打草鞋、竹叶用于制篾帽、藤用来做头箍和腰箍等，以这些植物作为原料，丰富了服饰材料的种类和特色。在少数民族地区几乎家家都有织布机，自己纺纱织布，并把织好的布进一步用植物染料或矿物染料进行染色加以美化。动物原料主要有牛、羊、猪等家禽，还有一些鹿、熊、狍子、兔、狸等野生动物的皮毛。[1] 过去我国北方的鄂温克族、鄂伦春族等以狩猎为生活方式的少数民族，一年四季都以野生动物皮毛作为服装主要的材料，除做服装外，手套、帽子、靴子、背包等饰品和被褥等生活用品都离不开野兽的皮毛，进而他们积累并创造了比较完善的熟制动物皮毛的加工工艺，因此，在民族服装上，不仅能看到质朴的材料和自然的色彩，还能领略大量精美的传统手工技艺。

---

❶《中华人民共和国野生动物保护法》总则第六条规定：禁止违法猎捕、运输、交易野生动物。……抵制违法食用野生动物。——出版者注

第一节　印染

我国的印染工艺历史十分悠久，早在一万八千年前的北京山顶洞人佩戴的饰品几乎都带有红色，穿戴用赤铁矿研磨的红色粉末染过，由此说明当时已懂得用染色材料装饰自己，同时还在洞穴内死者身边发现洒下的红色赤铁矿粉末。另外，在新石器时代遗址中出土了五块赭石，赭石表面有研磨过的痕迹，这表明早在远古时代，我国已开始利用矿物质颜料。在毛织物上发现有碧绿、绯红的色彩，证明商周时已能用丹砂、石黄、赭石、铅丹、大青等矿物质颜料和蓝草、茜草、红花、紫草、黄栀等植物染料进行染色。商周时期，纺织物的染色已相当普及，《尚书·益稷》记载："以五彩彰施于五色。蔡传：'彩者，青、黄、赤、白、黑也；色者，言施之于缯帛也。'"《墨子·所染》有"染苍则苍，染黄则黄"的记载，充分表明春秋时期的染色技术已经很熟练。随着商业活动的发展，有商人开始进行染料的交易。蓝草在周代已经人工栽培了，为推动蓝草的大量使用奠定了基础。《荀子·劝学》提出"青出于蓝，而青胜于蓝"的科学论断，还总结了染色的经验和我国传统的染料。由于当时的染料不太容易上色，如果需要获得较重的颜色，就要反复地浸染，逐渐使颜色加深。为了增加颜色的附着力，人们在实践中逐步认识到黏合剂和媒染剂的作用，并利用它们进行染色，提高染色的效率并丰富织物的色彩，这时人们已经用含有黏性的高粱、玉米等天然植物来做黏合剂增加染料与纤维的结合力。古代常用的媒染剂有矾、碱、乌梅、云母等。这些媒染剂的出现和利用，大大提高了丝帛的色彩。长沙马王堆汉墓出土的各种染色织物共有二十余种颜色，可以用多次浸染和套染法等技术，增加颜色的层次，已用明矾作媒剂。西汉时张骞出使西域，把产于西北的染料原料红蓝花传入中原，红花染出的颜色十分鲜艳，深受人们的喜爱，于是人们开始种植红花并以其为业，用红花炼取染色的技术在隋唐时代传入日本。东汉时期的染织品色彩变化已十分丰富，红色分为深红、朱红、绯红；蓝有深蓝、浅蓝、藏蓝、云青；绿色有黄绿、青绿、墨绿；褐有茶褐、黄棕、棕色；黄有米黄、土黄、中黄，还有黑、白、金、银等色。由此可见，到我国汉代的染色色谱中不仅有原色、间色，还有复色，染色技术已经发展到相当高的水平。公元6世纪，我国已知道利用干性比较高的植物油——荏油，涂抹于织物上作为防水之用，这是最早的防水布。据记载，唐代已用柃木灰和椿木灰制作媒染剂，明朝宋应星的《天工开物》中记载的各种色谱和染色方法多达二十余种，系统讲述了种植染草、提取染料、染色配方等技术的资料，表明我国染色技术和染料选用的高度成就。到清代染色作坊分工更细，染工有专染各种青色的蓝坊，有专染各种红色的红坊，还有专门漂白的漂坊，染出的织物颜色鲜艳，色泽标准。我国古代染色与今天染色有很大的不同，它分为浸染和印染。浸染是指把织物浸泡在有染色的染缸中使其上色；印染主要是指染缬，缬指“印花”，包括夹缬、绞缬和蜡缬三种。

一、夹缬（夹染）

夹缬是利用凸花版或凹花版，将要染的织物夹紧在花版之中，再投入到染缸中进行染色，因被夹部分无法上色，松开型版花纹就显现出来。《三仪实录》记载：“夹缬，秦汉始之有。”说明在秦汉时期我国已有夹缬织物了，它是民间蓝印花的前身。最简单的夹缬可选用一些木板制成长方形、圆形、三角形等几何图形和简单的花形、鸟形、鱼形、叶形等，每种型版都是相对应的两块，直接夹印织物，可获得一些简单的纹样。雕刻花版需要一定的技术，雕刻纹样越复杂，夹缬的印制难度就越大（图3-1、图3-2）。

图3-1　夹缬（夹染）(1)

图3-2　夹缬（夹染）(2)

二、绞缬（扎染）

绞缬在秦汉时期已经出现，唐朝扎染技艺发展到鼎盛时期，在宋、元、明、清时期，民间使用也极其普遍。扎染属于防染法染花工艺的一种，扎染花纹边缘受到染液渗透而形成自然的色晕，故在唐代被称为“撮晕缬”。《一切经音义》写道：“以丝缚缯染之，解丝成文曰缬。”它指在丝绸布帛上按设计意图在所需部位加以针线缝、捆或结扎，然后用染液浸染，染时已被捆扎防染的部位得不到染色，晾干后拆去线结，便出现具有晕染效果的花纹。此法使用工具十分简单，只需绳子、针、线就可直接在织物上自由打结，随心所欲地扎出所需要的花纹，而不像夹缬那样，受到雕版的限制。扎染不仅能制作单色花纹，也能制作多色花纹，经精心缝制扎结反复套染，可得到变化丰富的花纹，颜色套数越多，制作越烦琐。

云南大理白族聚居地是扎染的摇篮，蝴蝶泉边、洱海地区新石器遗址中发掘出了许多陶制纺轮等纺织工具的遗物。大理位于传统通商的茶马古道的交汇地，汉文化对此地的影响由来已久，流行于中原的绞缬工艺在大理地区生根发芽，在明清时期大理地区寺庙中，曾发现有菩萨像衣身上有扎染残片及扎染经书包帕等。大部分扎染织物出自周城和喜洲带，在盛唐时期其制品成为向皇室进献的贡品，民国时期此地家庭扎染作坊相当普遍。白族地区的扎染原料为纯棉白布或棉麻混纺白布，染料为苍山上生长的蓼蓝、板蓝根、艾蒿等天然蓝靛溶液，以板蓝根居多。板蓝根是一种清热消炎的药材，中国人很熟悉它，用它染出的布，颜色凝重素雅，对皮肤有一定的药物保健作用。周城的白族村一直沿袭着当地三百余年历史的扎染传统制作，2006年入选首批国家级非物质文化遗产名录（项目编号为：Ⅷ—26）（图3-3、图3-4）。

图3-3 绞缬（扎染）（1）

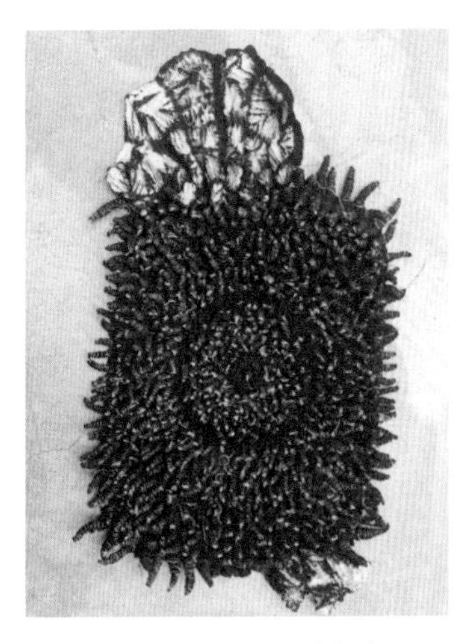

图3-4 绞缬（扎染）（2）

三、蜡缬（蜡染）

蜡缬它是以蜡作为防染手段，在织物需显花的部位进行涂绘，然后在常温染液中浸染，染后将蜡煮洗脱掉，因涂蜡处难以染上染液，花纹图案便显现出来。蜡染时由于织物皱褶而使固态蜡产生裂纹，染液会顺着裂纹渗入织物纤维中，形成天然的冰纹，冰纹各异，自然生动，从而成为蜡染所特有的艺术风格和肌理效果。蜡缬是我国古代的印染方法之一，新疆民丰尼雅东汉遗址出土的人物蜡染印花，是我国现存最早的蜡染印花织物，南北朝时期蜡染技术在毛织物上已有应用，唐朝蜡缬绢和蜡缬纱等已作为屏风的材料，制作工艺精致，蜡染技术已经十分娴熟。蜡染工艺在我国西南少数民族地区流传历史非常久远，宋代周去非《岭外代答》记载："瑶人以染蓝布为斑，其纹极细，其法以木版二片镂成细花，用以夹布，而溶蜡灌于镂中，而后乃释版投诸蓝中。布既变蓝，则煮布以去其蜡，故能变成极细斑花，粲然可观，故夫染斑之法，莫瑶人若也。"由此可观，西南少数民族地区在汉代已精于蜡染印花，其印染的阑干斑布就是在染色过程中以蜂蜡等作为防染剂，以蓝靛浸染，染出一种带有花纹的棉布或麻布，这种"斑布"为早期的蜡染制品。宋真宗时期染缬为皇家军队所用衣料，民间禁止使用染缬及染制印花织物，禁止制造和出卖印花缬版，无形中使蜡染技术在中原的发展受到很大的影响，蜡染在中原地区开始衰落，而在西南少数民族地区却被保留并传袭下来。宋朝嘉定县的安亭镇是药斑布的发源地，药斑布又名浇花布，据《嘉定县志》记载，这种布的印染方法是以豆浆、石灰制成"灰药"替代，俟干拭去灰药，青白成文，有山水楼台、人物、花草、鸟兽等图案，据推算在秦汉时期西南少数民族就已经熟练掌握了蜡染的技术，当中原的蜡染逐渐被缫丝、织锦等工艺取代时，苗族、彝族、布依族、土家族、壮族、仡佬族、瑶族、黎族等少数民族却将蜡染技艺完整无损地保留至今，世代相传。

（一）苗族蜡染

贵州素有"蜡染之乡"的美称，在贵州发现许多古代的蜡缬织物，苗族称"木图"(mub tut)，那么蜡染始于何年？说法不一，据传早在唐朝，贵州各民族妇女就掌握了“点蜡幔”的蜡染技术，到了宋朝苗族人民就已很擅长蜡染，明代洪武年间蜡染盛行一时并开始出口，至今故宫博物院还保留着11世纪和17世纪的贵州蜡染文物。关于苗族蜡染的起源有一个美丽的传说：在远古时苗族姑娘把白布晒在梨树下，梨花飘落在布上，蜜蜂飞来采花，把吐出的蜂浆粘到布上，风又把白布吹到浸泡有蓝靛的池塘中，不久姑娘把布拿到河水中漂洗，蓝底上显出了白花，姑娘十分惊喜，就这样蜡染工艺被意外地发现了。苗族当地妇女最喜欢用蜡染做成各种服饰，如黄平、重安江、丹寨的头巾围裙，以及衣服、裙子、绑腿都是蜡染制成；安顺、普定一带的苗族妇女把蜡染花纹装饰在衣袖、衣襟和衣服前后摆的边缘。《贵州通志》记载：“花苗在贵州，广顺等处……衣服用蜡绘布而染之，即染去蜡则花见，饰袖以锦……”。《安顺访册》中也有记载：“花苗妇女衣裙，用画蜡布，花彩鲜明……”。把它们归纳起来有五个类型，分别为粗线型、中线型、细线型、彩色型、刺绣型。粗线型绘蜡于织物时蜡线特别粗，蜡染成品蓝白分明，主要用于头帕、被面、祭祖幡旗，有鸟纹、龙纹、蛙纹、虎纹、石榴纹等。中线型蜡绘线条粗细适，当有鸟纹、石榴纹、蝶鸟纹、蛇鸟纹、蝶纹、娃娃鱼纹等。细线型用极细的金属蜡刀绘蜡于织物上，蜡线细如发丝，线条刚劲有力，闻名于世，主要用于褙扇、腰带、衣袖等，有人鸟纹、鸟头鱼尾纹等。彩色型在褪了蜡的蓝白成品布面上，用笔蘸植物颜色平涂于其上，待干后即成彩色蜡染，具有富丽斑斓的艺术效果，用于服装、衣裙背带等，主要有花鸟纹、龙纹等。刺绣型在蜡染成品上根据纹饰需要，再用平绣、锁绣、数纱绣等针法绣上彩色丝线，增强立体感，提高艺术感染力，用于衣裙、背带等，有花鸟纹、阴阳五行纹、蝶纹、铜鼓纹等。除以蜡防染外还有枫香染，即用枫树的原液枫香来防染，用削成一毫米细，二十多毫米长的竹条或鹅毛中间贯穿发丝当笔画蜡，长线条用竹条，短线条用鹅毛笔，松香染在麻江一带较为流行。

1. 丹寨蜡染

丹寨蜡染主要指丹寨县、三都一带的“白领苗”，这里山高谷深，森林茂密，由于地理位置闭塞，苗族蜡染在此地世代传承。丹寨蜡染以点蜡和画蜡工艺为主，点蜡以圆点排列成虚线，再用虚线构成图案，这里很多村庄至今仍然保留着原始的生产生活方式，方圆几十里的妇女们都是蜡染能手。丹寨蜡染风格奔放，主要以花鸟鱼虫、花草纹样的变化为素材，线条活泼流畅，造型生动，富于想象。很多蜡染图案还保留着传统的样式，最具代表性的是“哥涡图”，是一种螺旋纹，螺旋纹既是变了形的鸟纹图案，也是鹰的图案。丹寨苗族以鸟为图腾，从其蜡染纹样中可以窥视鸟图案文化，在民间的各大节日和婚丧嫁娶活动中，无不体现鸟图腾文化的存在，他们将它绘制在蜡染布上，绣在服饰上，织在锦带上，在日常生活中也随处可见各种鸟形图案，经几千年的发展现已形成了锦鸡文化。银头饰制成的锦鸡，多者为十多只，腰背上、裙上、鞋上有近百只锦鸡图案服饰，在芦笙场上妇女们穿着锦鸡服跃跃欲试地跳着锦鸡舞，活脱脱一只只美丽的锦鸡，锦鸡舞已经收录成为第一批国家级非物质文化遗产名录（项目编号为：Ⅲ—23）。当地的妇女们喜爱蜡染服饰，凡重大活动都穿蜡染盛装参加，姑娘结婚时也要制备几件漂亮的蜡染服饰，蜡染百褶裙，蜡染被面及床单作为嫁妆，蜡染技艺的精湛也体现出姑娘们的聪明伶俐（图3-5、图3-6）。

图3-5　丹寨蜡染（1）

图3-6　丹寨蜡染（2）

2. 榕江蜡染

榕江蜡染主要以榕江县永平一带为中心发展，此地是苗族、侗族人口聚集地，也是我国侗苗族文化的发源地。榕江的蜡染蜡刀较大，因此风格较为粗犷，蜡染图案较为具象，略显程式化，块面较小，呈回字形，万字纹、锯齿形纹样较常见，多为粗细均匀的长线条，线条大胆变形夸张，框架的空隙处大多绘上花朵，不留空隙，特别是“鼓藏”长幡，鼓藏节为苗族祭祖的传统节日，届时会举行祭鼓等活动，保佑子孙平安，五谷丰登，长幡是为唤醒祖魂，长达十几米的幡旗更是以长满尖刺的蚕龙、叶龙、蜈蚣龙等图案填满（图3–7、图3–8）。

3. 麻江蜡染

麻江蜡染主要指麻江的绕家蜡染，绕家多用松香防染，利用蓝靛可多次染色逐渐加深的特点，采用二次染或多次染来达到色彩层次多变的效果。麻江蜡染先将白布染成蓝色，再在蓝布上点蜡画花，再经靛染而成。成品为深蓝色的底衬浅蓝色的花，色彩典雅柔和。绕家的纹样较为抽象，多为花草变形而成，“叶子花”是流传了很久的古老图案，构图较满，图案小巧，工整秀丽。绕家人用蜡染制作头帕、衣袖、围裙等配件，一般不用于服装（图3–9）。

图3–7　榕江蜡染（1）

图3–8　榕江蜡染（2）

图3–9　麻江蜡染

4. 六枝蜡染

六枝蜡染主要指六枝特区的苗族传统蜡染，其使用的蜡刀较小，属细密型，其特点是构图饱满，线条分布紧密均匀，曲线较多，造型生动，繁多精美，纹样中蓝白面积比例基本为1:1。粗些的线形成块面，细线和小点穿插其中，图案大量采用花、蝶、鱼、螺等动物形象和几何纹样，图案既抽象又具体，以具象的外形配抽象的内容，密而不乱，多而不杂，构图对称均匀，注重组织顺序，主要用于百褶裙、衣袖、背带和围腰等（图3-10、图3-11）。

图3-10 六枝蜡染（1）

图3-11 六枝蜡染（2）

5. 织金蜡染

织金蜡染主要指以织金、纳雍、毕节、赫章、大方等地为中心的苗族蜡染，其纹样以纤细著称，是蜡染中最精细的，纹样主要以变形后的蝶纹和几何纹为主，还有少部分动物纹样，图案元素简单，纤细繁多的细曲线外配以均匀厚重的粗直线，形成鲜明的对比，曲直结合，动静相宜。有的还加以刺绣点缀，以鲜艳的红黄丝线绣上寥寥几针，与蓝白两色形成对比，风格华丽，织金蜡染底色为深蓝色，令纤细的白线清晰可见，耐人寻味（图3-12、图3-13）。

6. 黄平蜡染

黄平蜡染主要指黄平县重安江枫香寨的蜡染，其特点是神秘古朴，图案均匀，疏密得当，多为几何图形，纹样以传统的太阳纹为主，蜡染图案面积较小，精致而生动，图案纹样多为鸟、蝶、蝙蝠、石榴、鱼、铜鼓、花草、纹样相互穿插，常见于衣帽、围腰、裙子、背肩、枕巾和挎包等物的装饰（图3-14、图3-15）。

图3-12 织金蜡染（1）

图3-13 织金蜡染（2）

图3-14 黄平蜡染（1）

图3-15 黄平蜡染（2）

7. 安顺蜡染

安顺蜡染指安顺、普定等苗族村寨的彩色蜡染，图案多以自然和几何纹相结合，并用圆点组合构成，纹样多马掌纹、银钩花、鸡冠花、泥鳅花等，色调深浅不一，并在蓝底白花的基础上点缀红黄两色，常用于衣背、袖口、衣襟边等部位和背肩上（图3-16、图3-17）。

（二）布依族蜡染

布依族蜡染工艺已有上千年的历史，一直繁衍生息于南北盘

图3-16　安顺蜡染（1）

图3-17　安顺蜡染（2）

江，红水河流域以北地带。布依族蜡染有一个美丽的传说：很久以前，有一年白水河两岸发了大水，田地庄稼全部被水淹没，人们无法生活，就在这时有一位仙女下凡来到人间，她打扮成一个寻常的布依族姑娘坐着小船，从河上漂来，突然船翻了，姑娘落水呼叫，众多的布依族人们把小姑娘从水中救了上来，并把她收留下来，仙女看到这里的人善良勤劳，决定向她们传授救灾秘方，她教小伙子种靛、打铁、炼铜、制小刀，教姑娘们织布、画画，教老年人饲养蜜蜂、熬黄蜡，几个月后，收获了蓝靛，用特制的小刀蘸上融化的黄蜡液，用绘画的方法在白布上点蜡，画上精美的花纹，画完蜡后，将布放入蓝靛中浸染，待干后在沸水中煮去黄蜡，在白水河中漂洗干净，制成美丽的蜡染布，用其制成各种日用品和服饰品，然后到处去换生活用品和食品，受灾的布依族人民通过蜡染渡过了灾荒。布依族服饰以朴实清丽而见长，蜡染和苗族一样久负盛名，其服饰以蜡染衣裤和蜡染裙为显著特征。布依族蜡染以贵州西部镇宁、关岭、晴隆、普定一带最流行，其蜡染制作方法较为简便，以蜂蜡防染，铜片制成蜡刀，所用布料是自织的白麻布。布依族蜡染图案常见的有铜鼓纹、旋涡纹、水波纹、连锁纹、鸳鸯、喜鹊、梅花鹿、龙飞凤舞、双喜双寿等，纹样典雅古朴，图案布局大多对称而又多变，构图夸张得体，线条流畅自然，充满了浓郁的生活气息，显示出布依族人民对生活的美好追求和丰富的想象力。布依族妇女用蜡染布做的衣物用品比比皆是，衣裤、头巾、腰围、背孩子用的背带、家居里的床单、被面、窗帘都展示出布依族蜡染的精美图案（图3–18）。

图3–18　布依族蜡染

（三）彝族蜡染

彝族支系很多，其服饰具有地域性差异，分布在川、黔、桂、滇地区。古老的贯头衣至今仍然被很多彝族地区在节目或仪式上当作盛装穿用，服装装饰以蜡染和镶补为主。云南麻栗坡、富宁和广西那坡等地的彝族不仅施蜡染于女装也施于男装，并呈现出不同的风格。麻栗坡的蜡染纹样以圆圈圆点为主，风格细腻；富宁和那坡的蜡染，以大块几何形为主，粗犷大方。麻栗坡女装的上衣、头帕、裙子为蜡染，衣服的底布为土布，环肩襟边、袖边、衣摆等处均以蜡染花布镶嵌；那坡妇女着蜡染的贯头衣，衣无领无扣长至胫，两侧开启，胸背蜡绘日月星辰、吉祥纹样及驱邪保安等寓意之图案，多饰动植物花纹和几何纹样。麻栗坡男子平时着白布大襟汗衣、青布裤，襟边稍有花饰，包格布头帕，节日着蜡染衣。蜡染衣是结婚时女方亲手染制送给男方的礼物（图3–19）。

图3–19　彝族蜡染

（四）瑶族蜡染

瑶族大多聚集在广西壮族自治区，其余的还广泛分布于湖南、云南、广东、贵州等省。早在《后汉书》中就有瑶族先人“织绩木皮，染以草实，好五色衣服”的服饰特征。据《隋书》卷三十一载：“其女子青布衫，斑布裙”。瑶族印染工艺堪称一绝，宋人周去非在《岭外代答》中记载：“瑶人以蓝染布为斑，其纹极细……”。可见蓝靛布的印染已经形成一套完整的技术，瑶族地域广阔，支系和服饰样式大约六七十种，每个地区的瑶族服饰各有特点。红瑶和白裤瑶女子均穿蜡染百褶裙，白裤瑶的蜡染裙十分精致，工艺复杂，蜡染工艺古朴而独特。它是用一种名为“弄歌吊”的树上的胶，掺适量的水牛油煎熬，兑上草木灰制成灰黑色的粘膏，这是当地特有的粘膏树汁，每年四月开始砍树坑，传说砍时不能往上看，只能看要砍的部位，否则树会死。天气好，太阳足的时候，树汁出得多，一般20~30天就可以收获很多树汁。白布在绘前要经过压光处理，将白布放在垫板上用木棒或鹅卵石磨光滑以便作画。染布时将粘膏放于土碗里，置于热草木灰让灰中埋上少许红炭，以保恒温。以铜片或铁片蜡刀蘸上粘膏汁绘在白布上，待粘膏冷却凝固后，将绘好花的白布放入蓝靛液中加酒染色，染好后用清水清洗，刮掉原来的粘膏，最后漂洗晾干，用蕨根水浸泡固色，便得到美丽的蜡染布。还可采野槐叶洗净去皮，捣成浆，滤得汁水，浸泡画布使之变硬，便可刺绣花纹，最后缝制衣服。蜡染在瑶族人民生活中用途较广，衣裙、背扇、挂衣、头巾、被面，常见图案主要以花、草、虫、鸟、鱼为主，还有几何纹、方纹、雷纹、锯齿纹等，风格粗中有细，布局饱满不杂，多采用变形夸张手法，纹样生动。因为采用牛油和树胶混合粘膏代替蜡，制作的染布纹样清新，色彩特别鲜明，并且对比更强烈，具有独特的民族特色和艺术价值（图3-20）。

图3-20　瑶族蜡染

第二节　织锦

织锦是指由两种或两种以上色彩丝线织成的织物。锦的生产工艺难度大，用功多，古人视锦和金等价，是中国古代最贵重的织物。《释名·释采帛》："锦，金也。作之用功重，其价如金，故制字帛与金也。"新石器时代晚期人们便已懂得养蚕、缫丝、织造工艺，根据考古发现和文献记载，商甲骨文已有桑、蚕、丝、帛的象形文字，这一时期出现了素色平纹织物，有菱形和方格花纹，春秋战国时期有了两色的彩锦织物出现，西周时期的织造进一步发展，丝织物种类更加多样并掌握了提花技术，这样，绚丽多彩的提花织物——锦就诞生了，这是织造业的一大发展，分为经锦和纬锦两种。经锦是利用两组或两组以上的经线和同一组的纬线交织，纬线单色，经线多色。经线是二色或三色轮流显花，还有局部饰以挂经的挂锦。纬线有明纬和夹纬，夹纬是把表经和底经分隔开，用织物正面的经浮点显花，具有主体效果。纬锦是利用两组或两组以上的纬线与同一组经线交织。经线有交织经和夹经，用织物表面的纬浮点显花。经线单色，纬线多色。经锦和纬锦具有不同的织造效果，经锦密度低，织时用一把梭子，工艺简便，生产率高，纬锦织造时较麻烦，可以使用两把或两把以上的梭子，这样织时容易换色，织出的织物色彩变化丰富。

1969年在新疆阿斯塔那发现唐代的织锦，在大红底上有各种禽鸟花朵和方纹图案的纬锦织物。在苏联巴泽雷克曾发现我国战国时期有红、绿两色纬线织造的纬斜纹起花的纬锦，这说明在战国时期已经有纬锦出现。在我国古代，隋唐以前以经锦为主，之后多以纬锦居多。湖南长沙左家塘楚墓的"褐地矩纹锦""褐地双色方格纹锦"，湖北江陵出土的"舞人、动物纹锦被""彩条动物纹锦被"有龙、凤、麒麟等兽纹和歌舞人物，纹样复杂，锦面颜色为土黄、棕、浅褐色，以朱红、灰黄、浅褐色提花，纹样已有图案骨架出现，骨架以菱形、方棋形、复合菱形为主，构图多变，有秩序。几何骨架内填充各种人物、动物。

珍贵华丽的织锦一经问世就被统治阶级利用，他们穿锦衣，盖锦被，还把织锦作为奖赏功臣的物品和诸侯国之间交往的礼物。汉代大量的织锦经“丝绸之路”远销海外，成为行销中亚和欧洲的重要商品，可见汉代生产规模已经相当可观。长安东西织室有数千人生产织锦，除了官府以外，民间织锦业也很普及，当时的织锦已经以商品的形式出现，织造技术相当惊人，考古发现汉墓中的织锦很多为经二重组织的经锦组织结构，故把这种经锦命名为“汉锦”。新疆民丰东汉墓出土的“菱形阳字锦”“万世如意锦”“延年益寿锦”其纹样以吉祥文字与传统方纹相结合，色彩变化丰富；长沙马王堆汉墓出土的“土绒圈锦”用多色经丝和单色纬丝交织而成，表面有绒圈，具有立体感，其纹样有文字、花卉、枝叶、夔龙纹、豹纹和几何图案，构图灵活，点、线、面有机地结合，花纹排列恰当，疏密有致，色彩富丽，织造方法变化多样，地经、花经有同一颜色的，也有不同色彩相互交换交织的，颇具特色。

魏晋南北朝时期织锦风格有了变化，题材多与“大明光”“小明光”“大登高”“小登高”等织锦多见。“方格兽纹锦”是件五色经锦，纹样组织由富于变化的牛、狮、象三种动物组成，造型夸张，用白色线条勾边，形象逼真。出土于新疆吐鲁番阿斯塔那墓地的“对羊锦”“忍冬锦”“树叶纹锦”，织物为经二重组织，纹样有对称式构图，如对称马、对称羊。锦面细密、牢度高、质地薄。纹样精致概括，用色复杂，风格简朴规整。

隋代，织锦生产量大大提高，有“春风举过裁风锦”的描写，从隋朝壁画中我们可以看到贵妇高腰长裙，肩披帔帛，可见隋朝织锦的消耗量相当大。“丝绸之路”加强了与西域的文化交流，“联珠对孔雀贵字纹锦”“四大天王狩猎纹锦”都具有明显的波斯风格。“胡王锦”为三重三枚平纹织锦，构图上下对称，一个单位循环反复，花纹为黄色底上显红、绿花，纹样由一人执鞭牵驮，“胡王”二字围绕纹样绕半圈，形象生动，纹样布置巧妙。

唐代疆域广大，物产丰富，与西北突厥、回纥，西南吐蕃、南诏，以及东南少数民族交往密切，与印度、波斯、地中海地区商旅不断，是我国封建社会时期最繁荣的历史阶段之一，其服饰特点为宽衣大袖，当时的宽体裙普遍用丝帛缝制，可见唐朝对丝织物的需求量之大。唐玄宗开元年间，胡服之风盛行，妇女着胡服，戴胡帽，

“胡帽”是西域少数民族所戴帽子的总称，一般多用较厚的彩锦制成，帽身织有花纹，有些还嵌有珠宝。织锦在唐朝用途很广，无论是织造技术还是图案纹样都有很大的发展，品种之丰富达到前所未有的水平。经考古，先后在新疆吐鲁番、阿斯塔那、乌鲁木齐南郊古墓中、甘肃敦煌等地发现大量织锦，其纹样多用联珠纹，如“联珠猪头纹锦”“联珠对马纹锦”“联珠鸟纹锦”“联珠大鹿纹锦”“联珠骑士锦”“联珠对鸟对狮同字纹锦”“联珠孔雀纹锦”“联珠对鸭纹锦”等，造型十分精准完整，富有装饰意趣。联珠纹锦一般为四方连续对称式格局，其纹样受波斯纹饰的影响，是我国西北少数民族特有的风格，除联珠纹外还有各种花卉图案，如莲花、宝相花、忍东纹、牡丹、团花、百合花等，几何图案有菱形纹、龟背纹、棋局格、圆形等，常见的还有凤凰、盘龙、麒麟、狮子等动物纹，造型洋洋洒洒，饱满充实，其构图规整，造型趋于写实，色彩浓重鲜艳。“晕间提花锦”是用黄、红、白、绿、粉、茶褐五色经线织成，然后与斜纹晕色彩条纹上，以金黄色纬线织出小团花，这是最早的“锦上添花”，是迄今为止发现最早的“晕间锦”。“对鸟对兽双面锦”为双层组织，其织法是白色经与纬，沉香色经与纬各自相交成为两层平纹织物，这说明唐朝就已经有了织造双面锦的技术，现在我国仍有生产。盛唐时我国已有了专门从事丝织提花纹样设计的设计师窦师伦，许多优美高档的织锦纹样都出自他手，其织锦称为新样锦。

宋代在冠服制度上废弃了隋唐以来冠服依品级定制的制度，采用以官职定服饰，官职分七级，用七种不同档次的锦绶。《宋史·舆服志》中记载每年端午、十月初一等时节给诸臣颁赐时服，所赐服装皆为各种织锦制成的锦袍，有的还施绣。苏州的宋锦、南京的方锦、四川的蜀锦在艺术上达到了极高的水平。宋代织锦技术达到了鼎盛时期。新疆阿拉山出土的“蓝地重莲团花锦”“米黄地灵鹫纹锦”是北宋的古锦代表作品，“团窠锦”“博多织”“天华锦”“灯笼锦”等名锦多几何形骨架构图，花中有锦，锦中有花，变化丰富，纹样有回纹、万字纹、古钱币纹、锁子纹、大团花等，华丽精美。宋代的织锦色彩丰富，图案纹样与隋唐比清秀明快了许多。

成吉思汗统一漠北，忽必烈建立元朝。元朝有专门用于内廷大宴或重大庆典时穿着的服装，称为质孙服。质孙是蒙语，为单色之意。质孙服采用当时特有的织金锦或称纳石失制成，上缀珍宝，彰显其华贵。纳石失是一种加金织物，一般是以部分或全部片金或圈金线织成的金锦。早在战国时在织物中加金就已经出现，唐宋时期技术进一步提高，到元代达到鼎盛，色彩主要以金银为主，风格华丽，色彩单纯。由于北方冬季寒冷，元代蒙古族一般多用兽皮，妇女穿宽大长袍，春秋服装则用织金锦、绸缎、吉贝锦等材料制成，服装分为上衣下裳，披戴织金锦制成的云肩，袍上用金线盘绣大朵花纹。元代织锦纹样图案多见穿鞘花、荷花、牡丹、团龙、如意、珊瑚等，构图严谨装饰性强，金光闪烁，工艺精湛。

明代丝织技术空前提高，相继出现了苏州、杭州、南京、嘉兴、常熟等一大批生产基地，产量和质量都是前所未有地大幅度提高，并远销海外，享誉世界。它继承了唐宋以来的优秀传统，丝织工艺迅速发展，刺绣、织金、缂丝等精细的加工工艺，超过任何历史时期，织锦纹样制作加工颇具特色，是织锦史上辉煌的一页，那一时期的织锦称为“明锦”。“孔雀妆花锦”是织金妆花龙袍，它用孔雀羽毛和金线交织而成，织造技术十分精巧。“双龙双珠锦”是万历年间《大藏经》的封面材料。明代的织锦纹样以写实风格为主，种类繁多，“鸳鸯莲鹭锦”中把鸳鸯、金鱼、荷花、水藻、鹭几种不同类的形状巧妙地融为一体，纹样大小错落有致，交错呼应，全部花纹都用银线勾勒，色彩富丽协调。“红地折梅花锦”中的梅花从花瓣到花蕊既写实又装饰，造型饱满。除几何纹样和花卉纹样外还有如意、寿字、吉祥八宝等吉祥图案，织锦构图以满铺的四方连续为主，用色处理巧妙，这些图案风格一直流传至今。

清代的织锦在明代的基础上又有了很大的发展，其品名有一二百种，纹样仍以写实风格为主，多团花、吉祥图案、牡丹、宝相花等，但较明锦纹样造型更加繁复细密，织造工艺做了很大的改进，并增加了许多新的织造技法。“冰梅纹加金锦”中金丝细如毫发，花纹织后不露痕迹，底布有冰裂纹，具有装饰性。“织金陀螺经被”作为慈禧遗物曾在清东陵展出，织金经被为二百七十厘米见方，而经被上的文字只有一厘米左右，织工十分精细，字形清晰，甚为罕见。“朵花回回纹锦”是新疆维吾尔族传统织锦，多用金色织花，有华丽绚烂的效果，带有浓郁的伊斯兰风格，由于其工艺讲究，清代曾供奉朝廷。

宋锦、织金锦、云锦、蜀锦被称为“四大名锦”，具有民族传统特色，远销欧亚各国。我国的织锦历史悠久，纹样优美，题材广泛，织造技术精湛，色彩鲜艳，从考古出土文物中不难发现，织锦是我国宝贵的民族遗产。历史上三国时蜀锦技术传入苗族、侗族等民族，厚实鲜艳的诸葛锦闻名西南各地，我国许多少数民族都有高超的织锦技艺，如傣锦、壮锦、侗锦、土家锦、黎锦，还有景颇族、苗族、瑶族、黎族、高山族、藏族等民族织锦，各有特色，独具风韵。

一、傣锦

傣族聚居在我国西南边疆群山环抱的亚热带平坝地区，由于地处边陲，其服饰文化、生活习俗、宗教信仰都融合了中原和印度的文化，多信佛教。傣族一半的人口分布在西双版纳自治州和德宏自治州，傣族人口多，分布广，形成很多的支系，穿着上以水傣、旱傣、花腰傣服饰最有特点。旱傣女子上身着大襟或对襟紧身衣，衣长仅过脐，袖窄，紧裹臂肘，下着特制的织锦筒裙，裙长至脚面。花腰傣上衣多为短衫和长袖短襟衣，下穿织锦筒裙，腰束青色绣花小围腰。花腰傣女子以其佩带1米左右的提花腰带得名。此外，无论男女出门肩挎织锦挂包。由于织锦纹样、色彩、工艺具有强烈的特殊性，故称傣锦。

傣锦是传统工艺品种之一，明万历年间西双版纳地区贡品的“丝幔帐”和“绒棉”均是艺术水平极高的织锦，以棉、丝、麻为主要材料，每块傣锦一般织幅为33厘米，长约50厘米，主要用于寺庙的装饰、筒裙和挂包。受佛教文化的影响，纹样以象纹为代表，大象在傣族人民生活中占有相当重要的位置，他们视象为吉祥的神兽，除此之外，莲花也被视为吉祥之物。孔雀纹是另一代表纹样，傣族人民认为孔雀是和平、吉祥、善良、美好的象征，其次马、狮、龙、鸟、鸡、回纹、勾纹、芒纹、八瓣花纹也通常在傣锦中出现。人物纹样也不少，人物头上有冠，双手持物或站立在马背上，或肃立于寺庙旁，为工艺织造方便，其造型手法均做几何形处理。傣锦具有浓郁的佛教色彩，颜色多为纯色，常用深红、橘黄、深绿、翠绿等。傣锦以较细的苎麻线织成平缎组织，以较粗的苎麻经染色作彩纬织入，其中平纹不起花，而织入的色纬则显色于织物表面，起花部分用挑花方法起纹，用打纬刀打纬压紧纬纱（图3-21、图3-22）。

图3-21 傣锦（1）

图3-22 傣锦（2）

二、壮锦

壮族大部分居住在广西壮族自治区，壮族的织锦具有独特的民族风格和鲜明的地方特色，已有近千年的历史，明代织有龙纹的壮锦成为著名的贡品，到清代壮锦广泛应用于本民族的服饰和日用品中，婚丧嫁娶都离不开它。尤其是女子出嫁时，土锦被面是必不可少的嫁妆，婚后生儿育女，女方家要用一块壮锦被或壮锦背带作为礼物送去，可见壮锦是壮族人民生活中吉祥、美好、如意、幸福的象征。清朝沈日霖《粤西琐记》记载："壮妇手艺颇工，染丝织锦，五彩灿然，与缂丝无异，可为茵褥。凡贵官富商，莫不争购之。"清张祥河《粤西笔述》记载："壮人爱彩，凡衣裙巾被之属，莫不取五色绒，架以织布，为花鸟状，远观颇工巧炫丽。"

壮锦以棉、麻作经线，五彩丝绒线为纬线在小木机上用通经断纬的方法交织而成，一般经线为原色，纬线按织锦的要求配以不同的颜色。织造时织物反面朝上，正反两面均有纹样，表面有光泽。传统壮锦图案纹有20余种，大多来自生活中的可见之物，水、花草、鱼、虫、鸟、兽等和吉祥图案双凤朝阳、蝴蝶朝花、凤穿牡丹、狮子滚球、四宝围篮、鸳鸯戏水、宝鸭穿莲、子鹿穿山，以及大小五彩花、大小菊花、万字夹菊、水波六耳结等。布局基本分为三种形式：第一种为几何形骨架编织自然物四方连续结构，第二种为地纹上起自由纹样的二方连续结构，第三种为布纹（平纹）上织地纹，构思寓意深远，独具匠心。壮锦用色以红、黄、蓝、绿、黑为主，其染色的颜色都是壮族妇女从植物和矿物中提取出来的天然颜料，浓郁古厚，色彩艳丽。

在织锦上再刺绣称为绣锦，可绣出五彩斑斓，别具一格的图案，可谓“锦上添花”。绣锦运用平绣、剪贴绣、挑绣、包绣、缠丝扣绣、布贴绣技法。平绣是在布上绘出图案，用丝线沿纹样边缘一针挨一针进行刺绣。剪贴绣是用硬纸板或硬币剪出所需纹样，再用线平绣于织锦上。挑绣是根据织锦布的经纬纱，数出纱线根数再绣制纹样。包绣是用漂亮的布块剪出各种纹样，下面垫上絮片后绣在锦上，有浮雕效果。缠丝扣绣是用几根彩色丝线捻成一股粗线，再以扣结形式绣在锦片上。布贴绣是先用锦布剪出各种纹样，再按构图把纹样绣在锦布上。绣锦的纹样大多为飞鸟、祥云、花草、人物、鱼虾，主题有“四鱼怀春”“锦簇溢彩”“百花吐蕊”“多子多福”等。壮锦图案无论题材、内容、纹样组织都别具一格，形成特有的民族艺术。壮锦工艺精湛，造型生动，色彩丰富，工艺高超，充分体现了壮族人民的智慧与勤劳。织锦作品也抒发着他们的情感，表现壮族人民对美好生活的向往与追求（图3-23、图3-24）。

图3-23　壮锦（1）

图3-24　壮锦（2）

三、侗锦

侗族主要分布在湖南、广西、贵州三省区交界的黎平、榕江、从江、锦屏、天柱、通道、新晃、三江等地和湖北西南一带地区。其中大部分住在黔东南苗族侗族自治州。侗族服饰分南北两部分，北部地区妇女上身多穿右衽大襟无领衣，衣服宽大，长至膝盖，肩部和袖口镶有布条花边作装饰，下穿青色长裤，脚穿绣花鞋。南部地处山区，交通不便，外来文化影响较小，妇女穿着仍保留传统的裙装。衣服用自织的侗布制作，衣长、对襟、无扣、两襟大小约10厘米距离，每边有一细布带，衣领处有对称三角形图案，多为玫瑰色，袖小，袖口处有装饰布边。下穿青色百褶细裙，长至膝，以青布裹小腿。

侗族便装装饰不多，较为朴素，盛装时，衣襟、衣袖、围腰多用刺绣和织锦进行装饰。侗锦在清朝称“诸葛锦”，早已驰名，它与其他民族的织锦不同，其他民族大多有丰富多彩的颜色，而侗锦主要以黑白色或蓝白色纱线织成素锦。一般白色为经线，黑蓝为纬线，也可相反，黑为经，白为纬。利用经纬纱相互交织成花纹，用两个颜色纱线织可以形成黑白灰三套颜色。纱线织时一上一下，正反两面显花，颜色相反。但也有一小部分为彩锦，彩锦以棉线为经，丝线为纬，一般用彩色纱线织出花纹，喜用玫瑰红、绿、紫、浅黄、浅蓝等色。

织锦根据用途的不同其纹样图案、组织结构也不同，用于衣襟边、袖口、裙边的多为二方连续纹样，用于领花、背带、胸围花的，多为长方形散花满铺纹样。侗锦图案纹样十分丰富，除传统的人字纹、十字纹、口字纹、之字纹、米字纹、万子纹等外，还有桃李花、八角花、蝴蝶花等植物纹，以及动物纹和抽象的几何纹，侗族纹样有近百个品种，寓意十分丰富。“龙头飞鹰纹”，龙代表长寿，鹰是侗族人民喜爱的动物，常用来作婴儿背带的装饰，表达对后代成龙如鹰的愿望。结婚前儿媳妇要为婆家准备一块侗锦，称为“寿被”，上面的图案往往有龙和鹰纹样，祝福老人长寿、幸福。当姑娘长大后，织造技艺成熟，要织近2米长的花带，花带用途很广，一般用于系腰带或背小孩。花带系在腰上层层围绕，非常漂亮，它最能体现织锦的制作工艺和图案色彩的精美。姑娘们常常在集会、社交场合佩戴上如意的花带，来展示自己的手艺，如有意中人，就将心爱的侗锦作为定情之物（图3-25、图3-26）。

图3-25　侗锦（1）

图3-26　侗锦（2）

四、土家锦（西兰卡普）

西兰卡普，意为“打花铺盖”或“土花铺盖”，传说山村里有个叫西兰的姑娘，聪明伶俐，织锦技术非常高超，凡是生活中所见到的花，她都能够织出来，当她得知山后有一种百花果十分美丽时，决定亲眼去看看，但看到这种花很难，于是她每个夜晚伫候在百花果树下。终于有一天，她看到花开了，她正高兴的时候嫂子诬她外出与人私约，其父一棒把她打死，死时手中还紧握着美丽的百花果。为了纪念西兰姑娘，土家人民把土家锦称为“西兰卡普”。

土家少女九十岁起就跟随母亲学习织锦技术，几乎家家都有织机，织时不用打稿，全是腹稿，图案由简到繁，待成年就能织出许多漂亮的纹样。结婚时要有一条织锦做嫁妆，在民间流传着“四十八钩织得好，钩钩勾住郎的心”。嘉庆《龙山县志》记：“土妇善织锦，裙、被之属，或经纬皆丝或丝经皆纬，挑刺花纹，斑斓五色。”“土苗妇女善织锦，裙被或全丝为之，可间纬以棉，纹陆离有古致。”可以肯定明清时期西兰卡普工艺已经十分成熟。

土家姑娘在古老的木制腰机上以丝线为经，五彩丝、棉线为纬，采用通经断纬的方法，手工排织，反面挑花，工艺精湛，造型生动，纹样粗犷朴实，富有浓郁的地方特色和强烈的民族特色。清《永顺府志·物产志》记载："土妇颇善纺织，布用麻，工与汉人等。土锦或丝经棉纬，土人以一手织纬，一手用细牛角挑花，遂成五色。"西兰卡普纹样有一百多种，土家族长期生活于"喜狩猎，不事商贾"的渔猎生活中，与飞禽走兽接触，因此动物图案居多，如虎纹、虎脚纹、马纹、燕尾、猴掌等，植物纹样有藤蔓、花果、牡丹，以及大量的勾纹。土家族织锦寄托着土家人的情感，反映土家族人民的勤劳、热情和他们幸福美好的生活（图3-27、图3-28）。

图3-27　土家锦（1）

图3-28　土家锦（2）

五、黎锦

黎锦主要产于海南黎族地区。黎族是较早利用棉纤维作为衣服原料的民族之一，以纺织、染、绣技艺高超著称。在汉代黎锦就已成为宫廷贡品珍品，有"黎锦光辉艳若云"之美誉。《尚书·禹贡》有"岛夷卉服，厥篚织贝"的记载，"贝"为黎语"棉花"之意。黎族妇女穿对襟无扣上衣，也有贯头衣和交领式，下穿无褶织锦刺绣筒裙。其中用黎锦制作的筒裙分为长、中、短三种，十分有特色。黎锦还用作花带、头巾、服装边饰、被褥、幕幔等。黎锦有悠久的历史，有"黎人取中国彩帛，拆取色丝和吉贝，织之成锦"之载。它是用古老的距织机，采用棉织，经错纱、配色、综线、洁花等工序精心织制而成。提花、断纬织彩或先扎染经线，再织纬线，图案丰富，色彩斑斓。花纹多为几何图形、吉祥文字、马纹、鹿纹、蛇纹、蛙纹、花纹、果纹和人形纹。

生活在各个地区的黎族人民生活环境、风俗习惯有差异，服饰风格、织锦风格也各不相同，形成三大支系。我们常常可以从织锦纹样中识别不同的支系。杞黎居住在保亭、通什、乐东、琼东、陵水、昌江一带，人口占黎族总人口的百分之二十四，此地区出产的织锦称为杞锦，杞黎女子头系黑色头巾，有的用红黄色织成方格头巾。上衣衣背、边缘有几何纹样的织锦，下穿鲜艳的中长花簇锦筒裙，图案繁多，色彩以紫红、红棕色为主。侾黎居住在海南岛西南部，以乐东为中心，加上三亚、东方形成一个大聚居区，是黎族人口最多的支系，此地区的织锦称为侾锦。当地女子上衣衣背用红或白线分成左右两半，前摆长于后摆，摆端系铜铃，有流苏。下穿长筒裙，多为横条纹彩色图案，侾锦一般用在头巾、筒裙和后腰部等处。美孚黎主要分布在东方和昌江两县，占黎族总人口的百分之四，是人口较少的支系，此地的织锦称为美孚锦。当地妇女上衣穿无领黑蓝衣，红线结扣，头裹黑白相间头巾。衣背中间有一横条花纹，袖口绣白色花纹。下穿又长又宽的华丽织锦筒裙，美孚锦常用扎染织花工艺，先将经线扎成花纹，再撤下经线，放入蓝色或黑色染液中浸泡，晒干后拆线，然后排线织花。纹样若隐若现，独具风格。

黎锦最能反映传统文化之特色，彰显黎族妇女丰富的想象力和创造力。黎锦主要是用在妇女的裙装和装饰上，纹样多达160种，在这些美不胜收的黎锦纹样中，经常反复出现，变化最多的是蛙纹。无论哪个支系都有蛙纹图案，无论龙纹、鸟纹、火纹……所有纹样都和蛙有着密不可分的联系。蛙纹是原始社会的图腾崇拜，黎锦蛙纹是迄今为止在织物上保留最好最完整的图腾符号（图3-29~图3-31）。

六、景颇织锦

景颇族主要居住在云南德宏傣族景颇族自治州，少数分布在怒江傈僳族自治州以及耿马、腾冲等地。妇女们采用简便的踞织法编

图3-29　黎锦（1）

图3-30　黎锦（2）

图3-31　黎锦（3）

出精美的筒裙、筒帕等饰品，手工编织的景颇锦头帕在头顶裹成筒状，头帕长120厘米，宽20厘米，上衣着无领右衽紧身黑丝绒短衣，前后缀有数十个银泡、银坠，下身着织锦长筒裙，裙长140厘米，由三幅宽30厘米的织锦拼合而成。小腿处裹护腿，长40厘米，宽25厘米，有花纹图案的织料，出门喜挎织锦筒帕。景颇族妇女服饰全部用传统手工织锦制作，煞是漂亮。

景颇织锦主要原料为棉毛，采用经纬交织平纹起花，黑棉线作经线和纬线，纬线中掺杂彩色毛线，织物以黑色为底，以红、黄、蓝、绿等纯色相配，色彩饱和、浓郁。织幅一般不超过35厘米，编织一块筒裙料要几个月时间，花工多，工艺精，纹样内容与景颇族人民的生活生产、信仰、历史有着密切的联系。天地星辰、山水、花卉、鱼虫还有回纹、万字纹和人纹，许多纹样都有其象征意义。他们在祭鬼用的织锦裙上的纹样有“人鬼分开纹”“人谷结合纹”“守谷纹”，这些是由于过去景颇人生产力低下，谷物丰收很不容易，因此有为谷招魂的习俗，祈望谷物丰收（图3-32）。

图3-32　景颇织锦

第三节　刺绣

在远古时期纺织技术还未出现时人们用树叶围腰，用兽皮遮体，《五经要义》中记述“太古之时，未有布帛，食兽肉，而衣其皮，先知蔽前而未知蔽后。”原始社会人们用兽牙、兽骨、石珠等做各种佩饰进行装饰，有了原始的图腾，人们把这些图腾以纹面、文身的形式来装饰自己，纹面和文身的风俗一直延续至今，尤其在南方一些少数民族地区保留下来。纺织技术出现以后人们发现原来用来装饰的纹样因衣服的遮挡而无法显现出来，于是他们就把文身的花纹转移到了衣服上面，把衣服当成纹饰的对象用绘画的方法表现出来，这就是早期的服装纹样。但画在服装表面的纹样经风吹日晒，汗水雨水、运动的摩擦后会剥落毁坏，后来，纤维纱线出现，人们开始用针线将花纹绣在服装上，既美观又牢固。

刺绣多为妇女所做，古时也称“女红”，最初并非全部在衣物上施绣，而是绣出局部轮廓，再用毛笔填彩，故古人把画缋也包含在刺绣内，从出土的西周时期刺绣织物可以看出丝绸上绣出花纹线条轮廓后，再用毛笔大面积涂色痕迹，辫绣是古代最早的针法。周代产生的中国冠服制度规定帝王冕服“衣画而裳绣”，左传称“衣必文绣”，当时的刺绣还作为馈赠的礼品，或厚葬之陪葬品。在已出土的战国墓中发现大量完整的绣品都是用辫子绣全部施绣而成，刺绣技术日臻完善，可见战国刺绣已经发展到了一个新的历史时期。秦汉时期有了专门的刺绣艺人，王充《论衡》中有“刺绣之师，能缝帷裳；纳缕之工，不能织锦”“珠玉锦绣不鬻于市”的记载，民间刺绣很快得到了发展，针法以辫绣为主，有少量平绣，在新疆民丰地区出土的刺绣很具有民族地方特色。

唐代刺绣工艺发展很快，据传为杨贵妃一人刺绣衣裙的就有达近千人，随着佛教的广泛流传所刺的佛像日益增多，武则天命令织工绣造净土边相图四百幅，为刺绣投入的人力、物力可见一斑。为绣出各种事物纹样，针法大大创新，刺绣作品出现了晕染的效果，还出现了加金银、缀珠的技术，丰富了刺绣的艺术表现力。唐朝的刺绣技术高超，已经由只满足服饰、日用品等实用性，发展到纯欣赏性的模仿名人书画的艺术品。

到宋代，宋徽宗十分喜爱刺绣艺术，并在朝廷画院开设绣画专科，即文绣院，召集民间著名绣花工人300名，专为朝廷绣制御服和日常装饰品。欣赏性画绣在宋代充分发展，内容多为山水、花鸟、人物、楼台等千姿百态，绣出的作品既有书画的气韵又有刺绣的技艺。明董其昌《筠清轩秘录》:“宋代之绣，针线细密，不露边缝。其用绒止一、二丝，用针如发细者为之，故眉目毕具，绒彩夺目，而丰神宛然。设色精妙、光彩射目山水分远近之趣，楼阁得深邃之体，人物具瞻眺生动之情，花鸟极绰约馋唼之态，佳者较画更胜。望之三趣悉备，十指春风，盖尽于此乎？”宋代刺绣技术的发展以艺术性目的，针法有枪针、钉绣、戳纱、铺绣、扎针、盘金等十余种。一块绣片上绣有月季、桃花、芍药、菊花、海棠、玫瑰、马兰、芙蓉等十几种四季花卉，均为写实造型，这在宋代以前是未见过的。因宋代建都汴京，故宋绣也称“汴绣”，流传至今。民间刺绣在宋代也有了很大发展，很多妇女学习刺绣，刺绣不仅为宫廷所用，人们也可以将其用于自己的服装和日常用品中，但几乎没有作为商品。

元明两朝刺绣技术日益提高，规模也渐渐宏大，以作坊式生产为主，人们不仅能够自给自足，还可将绣品作为商品出售，绣品在市场中出现了竞争，并在实践中创造了许多新的技法，风格朴实，配色大胆，纹样变化丰富。宫廷绣品纹样较单一，多龙凤，施金线，变化不灵活，而民间刺绣作品发展之快，数量之多，做工之精美，设计之独特是前所未有的，“顾绣”是当时著名的民间绣种。

清朝在全国各地均有刺绣作坊，全国妇女几乎都习刺绣，各类服饰、日用品皆有刺绣，各种刺绣商品均有销售，江浙一带发展迅猛，清朝的中国刺绣到了一个鼎盛时期。国内不同流派的绣种崛起，苏绣、粤绣、湘绣、蜀绣称为四大名绣。刺绣工艺历时几千年，纹样由简到繁，针法由单一到几十种，从局部绣到满地绣，从单面绣到双面绣，内容多花鸟、人物、亭台楼阁、名人字画、祖国大好河山等。

现代刺绣在继承传统技法的基础上，从针法到色彩，从构图到纹样，无时无刻地进步着，绣出的作品可谓巧夺天工，并远销海外，为我国创造了大量外汇收入，同时它还作为馈赠礼品由于外交活动。

在我国少数民族服饰材料中，畜牧民族偏好皮毛材料，渔猎民族侧重鱼皮和鹿皮材料，以农耕为主的民族喜欢棉、麻、丝织物，把它们缝制成服装后都不同程度地以刺绣手段进行装饰，刺绣使人民的衣服从粗麻布衣到锦绣衣裳。各民族刺绣既有共同性，同时又具有显著而鲜明的民族性，由于各民族的生活环境、生产方式、风俗习惯、宗教信仰、民族性格、审美艺术的差异，其刺绣的纹样、装饰的部位、色彩的搭配千姿百态，艺术风格多样。我国少数民族刺绣一代一代地流传下来，这样的沿袭不仅能继承本民族的传统技法、传统纹样和传统色彩，还能保持住民族风格的地域性和时代性，各民族刺绣品在构图、色彩搭配、针法上都各有特点，他们把本民族的历史、故事、传说、文化、宗教就这样以针为笔，以线为墨，以布为纸都“写”在自己的服饰上。看民族服饰的刺绣图案，就是在阅读少数民族的文化。

一、蒙古族刺绣

刺绣的蒙古语叫作“嗒塔戈马拉”。蒙古族独特的逐草而栖的生活方式造就了蒙古族人民苍劲雄健的民族气质和独具特色的草原文化，在蒙古族的衣、食、住、行中，刺绣使用很普遍，创造了具有本民族特色的刺绣工艺，也是蒙古族文化遗产中十分珍贵的艺术财富。我们可以从刺绣图案上了解蒙古人民浓厚的生活气息，感受蒙古族妇女精湛的手工技艺和变幻多彩的无穷魅力。两千多年前匈奴已善于刺绣，考古发现当时的毛织物上绣着三个骑马人以及其他一些图案，元朝政府机构中设有绣局、纹锦局等刺绣相关机构，明清时期蒙汉之间不断的贸易往来和互赠礼品，深受中原地区一些织绣工艺的影响，这也使蒙古族刺绣迅速发展起来。蒙古族刺绣水平高超，自然而不造作，朴实而不虚饰。

蒙古族刺绣主要用于帽子、头饰、衣领、袖口、袍边、长短坎肩、靴子、鞋、摔跤服、赛马服、耳套等，刺绣的图案都含有一定的象征意义，通过不同题材的表现，运用比喻，夸张的手法寓生命繁衍，寓富贵连连，不仅有在软的布绒绸缎上刺绣还有用驼绒线、牛筋在羊毛毡皮等硬面材料上刺绣，刺绣的针法不以纤细秀丽见长而以凝重质朴取胜。蒙古族刺绣图案质朴简洁，明快，图案大多为均衡式与对称式，常以传统的吉祥图案来表达对美好生活的憧憬，主要有梅、杏花、牡丹、海棠、芍药等花草纹；蝴蝶、蝙蝠、鹿、马、羊、牛、骆驼、狮子、虎、象等动物纹；山、水、火、云的等自然纹；福、禄、寿、喜、盘肠、八结、方胜、龙、凤、法螺、佛手、宝莲、宝相花等吉祥纹样，其中虽有不少纹样受波斯纹样影响，但在应用时都显蒙古族特色（图3-33、图3-34）。

图3-33　蒙古族刺绣（1）

图3-34　蒙古族刺绣（2）

二、鄂温克族刺绣

鄂温克族世居于额尔古纳河以南森林、草原及河谷地区，大多过着游猎生活，其服饰原料以牲畜的皮毛为主，鄂温克妇女擅长刺绣，多将其用于衣服、鞋帽、围裙、被褥、烟荷包等装饰。由于他们日常生活用品和服饰大多以兽皮制成，刺绣运用在皮子上充分体现出“皮毛文化”的特征，其技法主要有平绣、补贴绣、缬绣、锁绣、折叠绣、堆绣等，用粗毛线、兽筋线、丝线等绣于布或皮上。

纹样、题材分为六大类。一是几何形纹样，这种几何纹运用常有随意性，以多种形式的云卷纹装饰，同类色调为主，和谐美观，常见于年长妇女的装饰绣品上。二是植物纹样，主要有牡丹、莲花、荷花、梅花、兰花、竹叶、杏花、桃花、杜鹃花、小团花、睡莲、宝相花、南瓜、石榴、佛手等，这些纹样以平绣为主，在平绣中他们很少运用颜色变化的丝线去退晕，而是用一种颜色去平铺，在需要表现深浅的部位上用色块绣出来，形状有别于其他民族。三是动物纹样，主要是龙、凤、麒麟、仙鹿、仙鹤、金鸡、猴、鸭、蝴蝶、鱼等，多用堆绣和平绣表现，在纹样组织上多用动物纹和花草树木组合构图，以动物为中心，散点透视为主。四是自然纹样，主要有树木山石、小桥流水、亭台楼阁，以平绣表现。五是文字纹样，主要是汉、满两种吉祥文字。六是人物故事，以汉、满历史故事为多，以堆绣表现，散点构图。鄂温克族妇女长袍多饰挂荷包或香囊袋，形状有长方形、葫芦形、石榴形等，在荷包或香囊底部垂饰两簇红丝线穗，上半部绣对称云卷纹，下半部绣花草纹，做工精细。男子用的钱袋上也绣有花纹，尤其在袍服上更是绣很多装饰纹样，脖领下饰有对称的十字形或圆形结构的大云卷纹补贴花绣，靴腰左右两侧多饰八结盘肠纹样、对称的云卷纹组合的蝴蝶纹、古钱纹样。衣领、袖口、下摆处多花草纹，补贴花绣运用最多。扎兰屯市的鄂温克人以折叠绣和堆绣为特色，其技艺、纹样、艺术都有较高的水平。鄂温克族刺绣受满族和内地的影响较大，在刺绣过程中结合本民族的特点进行再创造，形成了独有的刺绣艺术风格（图3-35）。

图3-35　鄂温克族刺绣

三、鄂伦春族刺绣

鄂伦春人世世代代游猎于大小兴安岭的茫茫林海中，创造了适合森林游猎生活的服饰文化。

他们的服装从帽子至靴子及各种生活用品多以狍子皮为原料，鹿狍筋做线缝合而成，主要包括狍皮服、狍皮裤、狍头帽、狍皮套、狍皮坎肩、皮靴、狍皮男女手套等。狍皮不仅经久耐磨而且防风御寒性能很好，鄂伦春民族服饰与自然界有密不可分的关系。

服饰的纹样与狩猎的历史、动物、植物都有着某种联系，并通过刺绣工艺表现出来，鄂伦春服饰的刺绣具有非常浓郁的民族风格。男子服饰多穿长袍，大襟右衽，前后两面开衩，以便于骑马、跑步等狩猎活动，刺绣部位多在衣服的边缘，如袖口、胸前、背后、开衩处。女袍的样式与男袍基本相似，但比男袍长，一般大襟覆盖脚面，不是前后开衩而是两侧开衩，女服在领间和腰间开衩的地方都绣有极精致的图案。

鄂伦春男女服开衩形成了男女服的最大区别，其开衩处的边饰绣饰最为精美，工艺以镶、绣为主。形式多种多样，有弓箭形、扎枪形、鹿角形、云卷纹、植物纹、几何纹、狍角纹等，这些图案表现狩猎、捕鱼工具、狩猎对象、狩猎环境，构成了男袍皮服的装饰特色。女袍图案大多以开衩为中心向两侧盘卷，中间饰植物团花或盘肠、如意等吉祥图案，女服开衩图案组织复杂，变化丰富。色彩以黑、红为主，辅以黄、绿、蓝色，袍服一般为皮的本色，在黑色衬托下给人以色彩明快、古朴、凝重之感。

鄂伦春族刺绣装饰不仅美观，更与实用相结合，皮袍是由几块皮子缝制而成，有明显的缝合痕迹，如胸前和背后的装饰部位，恰恰是在皮子的接缝合处施以装饰，开衩和衣襟边缘容易被撕开，也巧妙地运用刺绣加固，由此可以看出鄂伦春人的聪明与智慧（图3-36、图3-37）。

图3-36　鄂伦春族刺绣（1）

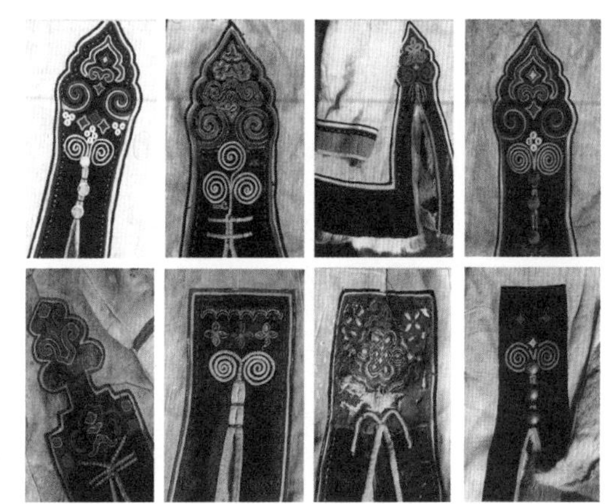

图3-37　鄂伦春族刺绣（2）

四、哈萨克族刺绣

哈萨克族主要分布于新疆北部，是一个古老的游牧民族，其传统的服饰具有鲜明的草原游牧文化的特征。

哈萨克族男子服装有皮大衣、皮裤、衬衣、长裤、坎肩、“袷袢”等，衬衣为白色，衣领处刺绣五颜六色的花纹图案。妇女多穿袖子绣花、下摆有花边的连衣裙，爱穿绣花套裤。哈萨克族人的帽子、头巾颇为讲究，尤其是已婚妇女戴的由白布制作且上面绣有各种花纹图案的披肩很有特色，未婚姑娘多扎三角巾或四方巾，冬带红色、绿色或黑绒布制成的帽子，帽顶绣花，有的镶嵌珠子、玛瑙等，并插猫头鹰羽毛。哈萨克族男女老少都喜欢穿皮靴，外套套鞋，套鞋是用软皮制作的平底鞋，外面大多用不同颜色的布缝制成各种美丽的图案。

图3-38 哈萨克族刺绣

哈萨克族服饰世代相传的民间手工刺绣，是哈萨克族服饰中最具代表意义的一种装饰工艺，无论在布上，皮革上，还是毛毡上都使用刺绣进行装饰，在上面绣出雪峰、清泉、草原、牛羊、骏马、鲜花等一切与生活有关的美丽纹样。主要应用于衣领、袖口、前襟、下摆、帽子、套鞋、靴子、窗帘、床罩、花毡等，哈萨克族刺绣工艺有些特别，是用竹签蘸盐和奶混合的调汁直接在面料的正面画上花纹，这种汁不容易掉，待出现白印记后用毛线精心绣制。哈萨克族刺绣色彩鲜艳，对比强烈，构图严谨，对称居多，刺绣方法较多，有挑花、贴花、补花、钩花、刺花等（图3-38）。

五、羌族刺绣

羌族是我国古老的少数民族之一，早在3000年前古羌族人就分布于我国西北过着游牧生活，后来迁徙到岷江上游定居，从事务农兼畜牧业，特定的社会环境和历史的发展形成了羌族服饰的独特风格。

羌族男女皆穿自织的麻布长衫，外套羊皮坎肩，包头帕，束腰带，裹绑腿，其中已婚妇女梳髻，用绣花帕包头，姑娘梳辫盘头，再覆包绣花头帕，脚穿貌似小船，鞋尖翘起，鞋底较厚的“云云鞋”，此鞋鞋面因绣有彩色云纹而得名，具有审美功能和实用功能，“云云鞋”借助密密麻麻的针脚，将棉线绣于鞋身最易磨损的部位，增加耐磨性，既能延长使用寿命又不失美观。除云纹外，鞋梁两边还贴虎头纹、灵芝纹、水波纹，鞋帮绣满图案，女装的领边、衣襟、袖口、腰带、头帕和鞋上都有各种各样的刺绣图案，妇女带的绣花围裙也是羌族刺绣中最具代表性的工艺品。

明清时期羌族的刺绣就很有名气，刺绣工艺针法很多，主要有挑绣、纳绣、串绣等，其中挑绣是羌族妇女最喜爱的表现手法，挑绣时以五色丝线或棉线，凭借娴熟的技艺，不打样，不画线，就能挑绣出绚丽多彩的图案纹样，疏密有秩，形态自如。每个妇女都精于刺绣，所谓“一学剪，二学裁，三学挑花绣布鞋”，刺绣体现着羌族妇女的聪明才智。羌族刺绣题材多取材于现实生活中的自然景象，如常见的花草、飞鸟、游鱼、禽兽，有各种几何纹、三角纹、圆圈纹以及“团花似锦”“鱼水和谐”“蛾蛾戏花”“凤穿牡丹”等寓意吉祥的图案。色彩以黑白对比居多，取得明快、朴素、大方的效果，妇女们根据物件的实用性来选择刺绣的图案，如给老人多用祝福长寿之类的图案装饰；年轻的姑娘送给情哥哥的烟荷包上绣“鸳鸯戏水”“冬去春来”“比翼双飞”的图案；给小朋友多选用避邪、保佑健康、平安成长的花朵图案（图3–39）。

图3-39　羌族刺绣

六、苗族刺绣

苗族服饰历史源远流长，由于历史原因苗族不断迁徙，他们分布广泛，支系众多，因此创造了不同样式，不同风格的民族服饰。他们的刺绣工艺复杂，做工精细，苗族妇女用彩色的丝线将美丽的图案绣在服装上，苗绣成为苗族服饰的主体特征，是中国少数民族刺绣最高水平的体现之一，是中国古老的手工艺品，是世界艺术的奇葩。

苗族人“以针代笔，以线代墨，以布为纸”，反映苗族历史，也反映苗族服饰的文化内涵，它是一种特殊的文字，具有强烈的表意功能和审美功能，被誉为“身上史书”“穿着的图腾”。在黔东南地区苗族妇女都要在花色衣裙的披肩和褶裙边沿绣上两道彩色横条花纹，这两条花纹象征着长江和黄河。有一种叫作“兰娟衣”的女装记载着苗族迁徙的历史，传说古时有个叫兰娟的苗族女首领想出了用彩线记事的办法，离开黄河时便在自己的左袖子上缝上一根黄线，渡过长江时在自己右袖子上绣上一根蓝线，就这样每渡过一个湖泊就在胸前绣一个湖泊，每翻一座山就在衣服上做个记号，不断的迁徙记号越来越多，最后从衣领密密麻麻地绣到了裤脚，后来她将这些记号纹样重新布置，用彩色的线精心绣制了一套隆重而漂亮的衣服，“兰娟衣”从此流传下来，堪称苗族服饰的经典。

现在苗族服饰上的刺绣图案不仅记载着历史的伟大，也反映今天的现实生活，其题材有茫茫宇宙、浩浩自然、悠悠历史、具象空间、抽象世界、神话传说等；图案纹样有山纹、江河纹、水纹、牡丹、玫瑰、芙蓉、金瓜、石榴、锦鸡、猴、鹿、狗、喜鹊、鸳鸯、龙凤、麒麟和吉祥图案等，造型运用夸张和变形手法，通过艺术处理，颇具装饰性。色彩艳丽，对比强烈，如红底上绣绿花，应用白与红、黄与紫、橙与蓝的大块对比色，巧妙地点缀少量黑色使画面既对比又统一。构图大胆，有单独纹样、二方连续和四方连续，多用点、线、面组合的几何构图。苗绣粗犷大方，一眼看上去纹样繁复，仔细分析纹样组织分明，条理清晰，既复杂又严谨。苗绣以针法以多样著称，有平绣、凸绣、辫绣、堆绣、绉绣、缠绣、打籽绣、挑绣等（图3-40～图3-42）。

图3-40　苗族刺绣（1）

图3-41　苗族刺绣（2）

图3-42　苗族刺绣（3）

七、侗族刺绣

侗族居住在湘黔桂三省毗邻处，侗族人生活以农业为主，其服饰可分为南北两大系，也分素绣和艳绣两类，各具特色。侗族人擅长纺织、刺绣，尤其是盛装多用挑花刺绣和织锦装饰，北部地区妇女穿右衽无领衣，大多为青色，环肩镶边，脚穿翘尖绣花鞋，腰系彩色腰带。南部地区服饰极其精美，女子穿无领大襟衣，衣襟袖口镶有马尾绣片，图案以龙凤为主，胸部为青色刺绣“兜领”，下为百褶裙。

侗族刺绣种类繁多，有锁绣、铺绒绣、打籽绣、错针绣、盘绣、贴花和绣贴结合，尤以挑花见长，纹样常以“螃蟹”和“龙凤”纹为主，尤其是盛装时的鸡毛裙最富有特色，其裙片由若干个织锦花带组成，每条花带下缀羽毛装饰。刺绣主要装饰在妇女上衣、胸襟、领边、围裙、男子头巾、绷腿、背带上。

侗族的挑花鞋垫千姿百态，堪称挑花艺术中的经典，被人们称为“隐蔽艺术”。针法主要是单线挑花，有的挑线显示主花，有的用底布显出主花，更有的挑线和底布同时显出主花，横看竖看都是花，颜色为红、绿、蓝、黄、紫、白等，彩素结合，冷暖相称，常见有几何纹、十字纹、龙凤纹、花草纹、牛马纹、树木纹、鸟兽纹、虫鱼纹、干栏纹、谷穗纹等。

侗族的胸围花饰很有特色，长13厘米，宽17厘米，纹样多采用喜鹊、杨梅、荔枝等花鸟纹样，再配以铜钱纹，有富贵吉祥之意。黑面上配红、湖蓝、群青、粉绿等色，色彩对比强烈，下面则配绣以二方连续几何图案的纹样（图3-43）。

图3-43　侗族刺绣

八、彝族刺绣

彝族主要分布在四川、云南、贵州、广西四省，支系繁多，居地广阔。彝族女子擅长刺绣，在彝族中有“不长树的不算山，不会绣花的女子不算彝家女”的说法，可见她们对刺绣的重视。

彝族无论男女衣着都十分讲究做工精细，彝族服饰刺绣主要装饰在盘肩、襟边、袖口、裤脚、包头、围腰飘带等部位，体现彝族服饰的精华。贵州彝族妇女穿右衽上衣，中式长裤，围黑白或绣花围腰，有的胸前或后背垂绣花飘带、盘肩、领口、襟边、裙边、裤脚处有图案装饰。云南彝族的围腰是主要装饰部位，上面绣各种花草图案，样式颇多。广西那坡彝族妇女穿蓝色或白色绣花饰银的对襟上衣，系绣花腰环。凉山美姑彝女装大襟绣有纹样，以盘花。桃花为主；喜得彝女子以镶鸡冠纹为特色。丘北地区彝族女装大面积挑花，常在浅色布上用红色线挑绣对称图案。武定、禄丰妇女盛装绣花繁多，上衣盘肩处多装饰银穗，前襟和后摆上绣红色团花图案。楚雄、大姚地区男子盛装时佩戴绣花肚兜，长约30厘米，多在黑布上绣各种花纹，系于腰间或挂于胸前用以装钱币。

彝族刺绣纹样有日、月、星辰、山、水、路、树、花、草、虎、羊、鸡、鹤等，这些纹样有特定的蕴意，如云南彝族人喜爱的马樱花，传说是彝族祖先的化身，有了它氏族就可以昌盛兴旺，失去它就会衰败凋零，因此马樱花纹样被广泛应用到服饰上。蕨类植物是彝族祖先的重要食物，使他们的祖先一次次渡过饥荒，被称为救命草，至今凉山彝族仍食蕨基，蕨基形象作为图案应用到服饰上，表达他们纯朴的感情和祈求美好生活的愿望（图3-44）。

九、哈尼族刺绣

哈尼族主要居住在云南南部的沅江和澜沧江之间，哈尼族服装千姿百态，黑色是哈尼族的主色调，以黑为美、圣洁、庄重、吉祥、生命保护之色。哈尼族妇女以绣、挑等方法刺各种精美图案，如龙、凤、鸟、鱼纹等，这些图案多用于衣襟边沿和围腰、帽子、绑腿上。西双版纳地区哈尼族妇女着无领右襟上衣，长裤，衣服的托肩、大襟、袖口、胸前和裤脚都有彩色花边；沅江一带妇女着长筒裙或过膝长裤，系绣花腰带。哈尼族的头饰和服装比起来更为多彩多姿，有的满头施绣，有的峨冠高耸，有的五彩流溢。哈尼族女子精美头饰充分体现了她们的创造才能（图3–45）。

图3-44　彝族刺绣

图3-45　哈尼族刺绣

十、纳西族刺绣

纳西族主要聚居于云南纳西族自治县，纳西族刺绣工艺历史悠久，常把自然物象绣在服饰上，特别是女性服装上的“披星戴月”，表达了对生活和自然的热爱。传统刺绣以十字挑花为主，平绣和挑花结合使用，图案对称、清秀、典雅。丽江地区地理位置适宜发展畜牧业，牛羊皮毛成为纳西族服饰重要组成部分，纳西羊皮披肩用毛色乌黑纯净的绵羊皮硝、糯米粉等加工后，再量体裁衣，缝上黑线或氆氇的羊皮颈饰以七块圆形五彩绒绣羊皮眼睛，再订上七组白羊皮条做成的羊皮须，一对白布做成的羊皮背带。背带头装饰约36厘米宽的刺绣，上部绣二方连续纹样，纹样有农耕、舞蹈、武士、吉祥花果，下部以十字挑花手法绣的单独纹样，形似蝴蝶，造型别致，白底上纹黑线特别醒目。一端定在羊皮的背部，羊皮披在背上，背带在胸前交叉，然后绕回背后从下端把羊皮系紧，尾段自然下垂，类似尾巴。纳西族妇女上穿大褂，宽腰大袖，外加坎肩，腰系百褶围腰，下穿长裤，披羊皮披肩，上缀刺绣精美七星，两肩缀日、月，象征“披星戴月”（图3–46）。

十一、仡佬族刺绣

仡佬族是云贵高原中部的一个古老民族，仡佬族人善纺织刺绣。其女子穿无领大襟长袖衣，衣服袖、背上满饰纹样，以彩绣和蜡染为主。下着百褶裙，穿勾尖绣花鞋，腰系同样满饰绣染的小围腰。少女喜欢戴一端绣有红、黄、绿、紫等色花边的黑头巾，我们习惯上把绣有红花的称为“红仡佬”，绣五彩色花边的为“花仡佬”（图3-47）。

图3-46　纳西族刺绣

图3-47　仡佬族刺绣

十二、基诺族刺绣

图3-48　基诺族刺绣

基诺族聚居在云南西双版纳傣族自治州的基诺山一带，生产活动以农业为主。基诺族人民崇拜太阳，日月花饰是基诺族人民最喜爱的纹样，基诺族擅长挑花，挑花以白色砍刀布为底，以红黑色线为主，绞出精美的纹样，常见的有太阳花、鸡爪花、穗子花、月亮花、八角花、八字花和葫芦花。包头、挎包绣日月标志，上衣背后绣有圆形日月花饰图案，也称“孔明印”。传说其祖先是孔明部队的一部分，后在途中被丢落，后来当她们追上孔明时，孔明不再收留她们，便赐她们在此种粮种茶，建造房屋。后来基诺人为表示对孔明的感激与怀念便在自己的衣背上刺此图案（图3-48）。

十三、水族刺绣

水族聚居在云贵南部苗岭山脉以南，传说水族人民居住在高山密林里，杂草丛生，毒蛇很多，于是有一名水族姑娘用彩色丝线在衣领、袖口、襟边、裤脚处绣上各种颜色的花边，又在鞋上绣上花草纹样，她每天穿着这身衣服上山砍柴，果然毒蛇见了她就逃走，从此水族妇女镶绣花边的衣服就逐渐流传下来。

水族人民擅长刺绣，以“马尾绣”闻名，“马尾绣”先将白色马尾缠绕上白丝线，用其勾勒出各种图案轮廓，中间用彩色线填充，最后将绣好的图案拼镶到布料上，“马尾绣”多见背带、绣花鞋、绣花帽上形象生动，色彩丰富。水族刺绣图案多为蝴蝶、鸥、石榴等（图3-49、图3-50）。

图3-49　水族刺绣（1）

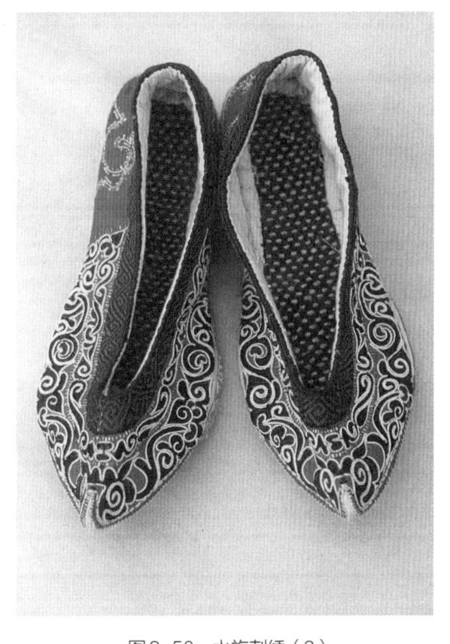

图3-50　水族刺绣（2）

十四、畲族刺绣

畲族分布在福建、浙江、广东一带，畲族服装由于居住的地区不同风格不一。畲族妇女服装最具特色的是“凤凰装”，即在服饰上和围裙上刺绣各种彩色花纹，以红、黄花纹为主，镶金银线，象征凤凰颈、腰和羽毛；红头绳扎发髻，高高盘在头上，像凤髻，畲族妇女着此服装，以此表示吉祥如意。刺绣题材有梅花、牡丹、莲花、桃花、菊花、竹、兰花及凤凰、喜鹊，还有万字纹、方头纹、浮龙纹、六耳、柳条纹等几何纹样。畲族人喜欢蓝、绿色，常在服饰上使用红、黄、蓝、绿、黑等颜色。

福安、宁德一带妇女上着大襟衣，衣领处绣马牙纹，腰系绣花围裙；福鼎一带妇女服饰丰富，上衣大襟以桃花为主，配其他彩线，刺绣面积大，纹样大，袖口镶彩色布条；霞浦一带妇女刺绣更加丰富，纹样也更加复杂，罗源、连江地区妇女领上绣有色彩丰富的柳条图案，围裙的大朵云纹很有特色（图3-51）。

图3-51　畲族刺绣

第四节　其他特色材料

印染、织锦、刺绣是中华民族服装材料的重要组成部分，几乎在所有民族服装上我们都可以看到独特的图案纹样、色彩和特有的制作工艺，各民族服饰材料取自自然，有植物的根、皮、藤、叶、果，动物的羽、皮、毛、尾、骨、牙，还有贝、玉、琥珀及宝石等。比如，以捕鱼为主要经济生活的赫哲族早年以鱼皮为衣，长期从事狩猎的鄂伦春、鄂温克等族用狍皮兽筋缝制衣服，经营畜牧业的蒙古族、藏族、哈萨克族、柯尔克孜族、裕固族等多以畜皮皮毛为原料，从事农业生产的少数民族则用当地的棉、麻为原料。服装材料以实用为主，并与美相结合，就地取材，自己创作、生产、使用、欣赏，一辈辈流传至今。除了印染、织锦、刺绣外还有其他装饰的工艺手段用于服饰材料的装饰。

一、赫哲族鱼皮衣

赫哲族自古多用鱼皮制衣，男女都穿鱼皮裤，故有“鱼皮部落”“鱼皮鞑子”之称。赫哲族的鱼皮服饰具有古老的风格，鱼皮衣多用胖头鱼、草根鱼、鲩鱼、鲟鱼、马哈鱼、鲤鱼等鱼皮制成，加工时先将鱼皮完整剥下晾干去鳞，涂抹上具有油性的狗鱼肝使之保持柔软干燥，然后将其放在木槽上用木槌反复捶打捣软使之柔软如布，然后将捣好的鱼皮拼接成大张面料，再进行裁剪，缝制时用鱼皮线，一般多用胖头鱼皮加工成线，衣服缝好后，在衣襟、袖口、衣边镶嵌或刺绣图案，也有用野花将皮条染成各种颜色绲边或拼接图案然后缝制，并以鱼骨为扣，贝壳为边饰。鱼皮狍轻巧、保暖、防水、抗湿、耐磨、易染色，特别适应严寒的冬天穿着，不硬化，表面不结冰。鱼皮服饰充分体现出利用自然，适应自然的能力（图3-52）。

二、鄂伦春族狍皮衣

传统的鄂伦春族人民将当地的自然资源应用在服装上形成了独特的狍皮文化，当地人民头戴狍头皮帽，身穿狍皮衣裤，足蹬狍腿皮靴，脚穿狍皮袜，手戴狍皮手套。鄂伦春人用冬季猎获的狍皮做冬衣，夏季猎获的狍子皮做春秋或夏季袍子，因为冬天猎物皮毛长，而夏季猎物皮毛短。皮袍都是右衽，边和袖口镶边，袍上的纽扣用鹿角或兽角等材料制成，袍上的纹样早期只是用烧红的铁丝在皮面上烫出黑色的纹样，或者将皮子剪出图案后缝在袍子上，现在多以刺绣为主要装饰手段（图3-53）。

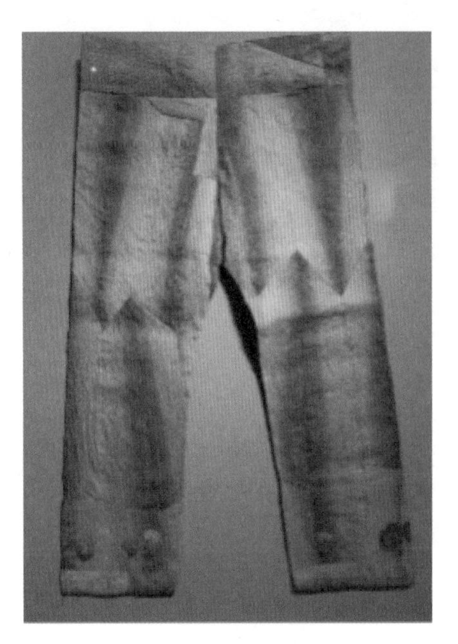

图3-52 赫哲族鱼皮衣

图3-53 鄂伦春族狍皮衣

三、纳西族羊皮披肩

纳西族女袍为大袖，无领夹层，前短后长，百褶围腰，背披“羊披”。东巴经《迎东格神》中描写：“用羊毛作衣衫披毡，用羊毛作帽子腰带……”羊皮披肩是用纯净的70厘米×60厘米羔羊皮经皮硝、糯米粉加工，羊皮向内，革面向外。丽江气温低，多数时间有毛一面向里，天气热时将毛面朝外，上部与90厘米×25厘米黑丝绒料拼合（图3-54）。

四、德昂族腰箍

德昂族妇女服装中最引人注目的就是身上的腰箍和色彩鲜艳的小绒球，她们的腰箍多用藤蔑或竹篾制成，也有的前半部是藤篾后半部分是银丝，宽窄不一，染成红、黑、黄、绿等色，有的上面还刻各种花纹或包银皮、铝皮。行走时，腰箍上下移动，伸缩有弹性，发出叮叮响声，成年姑娘通常系数个，多的可达数十个，谁戴得越多，做工越精致，表明她越能干。一般年龄越大腰箍戴得越多，腰箍不仅作为一种饰品和美的标志还可作为男女爱情的信物。德昂族人还喜欢用五彩小绒球作为装饰，男子包头巾两端，耳坠、妇女衣服的下摆、项圈、挎包四周都用彩色小绒球为饰，鲜艳夺目，别具一格（图3-55）。

图3-54　纳西族羊皮披肩

图3-55　德昂族腰箍

五、哈尼族银饰

传说哈尼族创造了鱼，因此哈尼族人常佩戴一种以鱼为原型的银饰，各种各样的银饰装点着哈尼族人。女子上穿右衽短衣，以银珠、银饰作纽扣，下着长裤、短裤褶裙，喜欢戴银耳环、银耳坠、银项圈、银手镯，并以银链、银币作为胸饰。哈尼人上衣穿饰有银泡的胸衣，胸衣仅遮乳部。上插红色猫头鹰羽毛，作为吉祥的标志。红河流域的哈尼女装黑布上绣花，前裤及领均缀有大量银泡。元阳一带哈尼女装在袖口和腰带的两端装饰银泡，并配彩色补绣图案。过节时姑娘们戴银手镯，胸前挂银链，腰两侧挂银片和银泡，走起路来铃铃作响。哈尼族妇女头饰十分丰富，不同的年龄头饰不同，但有一点是相同的，她们的帽子都镶有小银泡并饰有珠子（图3–56）。

六、苗族锡绣

经考证苗族锡绣已经流传了五六百年，主要在剑河一带，其工艺独特而神秘，入选非物质文化遗产名录。它以金属“锡”当绣线，在手工织土布上缀以银白色的小锡节，它不用传统刺绣丝线和刺绣技法，而是用细细的锡条绣制成片的图案，其材质色泽与金属银相似，穿在身上波光粼粼，在阳光下熠熠生辉。锡绣服饰按服用性可分为盛装与便装，盛装服饰装饰比较隆重，包括头饰、项饰、绑腿、围腰等，雍容华贵工艺精美（图3–57、图3–58）。

图3–56　哈尼族银饰

图3–57　苗族锡绣（1）

图3–58　苗族锡绣（2）

七、蒙古族毛毡

蒙古族自古就有加工羊、牛、驼毛制作各种毡具的传统，春秋战国时期制作蒙古包时就常使用毛毡进行外墙的包裹。毛毡产生之初以实用为主要目的，做装饰较少。蒙古族制毡的主要材料为羊毛，随着蒙古族的发展毛毡制品变得越来越多元化，毛毡服饰主要有毡帽、毡靴、斗篷等，也常用毛毡制作玩偶、护身符等表达自己的信仰与精神追求。

蒙古族毛毡制品丰富多彩，不仅具有较高的实用价值也具有较高的艺术价值。制毡工序包括弹毛、铺毛、喷水、抹油、卷毡、捆毡、洗毡、整形、晒毡等，制作大块毡子要在空旷的草地上多人合作进行，根据所需毡子面积大小在场地四周角上钉上矮木蹶子，再用细绳围成四边形，把成堆的羊毛倒在四边形内摊成薄薄一层，之后进行弹毛工序，弹毛后在羊毛上面浇肥皂水，水要充分浸湿羊毛，因为毡子面积过大需要用两三匹马拉着石碌碡在羊毛上反复碾压直至成型，成型后卷毡沥干水分再往上铺羊毛，重复之前的工作直到达成所需毡子厚度，一般要重复5~6次以上，最后将毡面翻过来压底面，压平后调整形状将毡子晒干即告完成。制作完成的毡子根据需要再进行染色、刺绣等工艺（图3-59）。

图3-59　蒙古族毛毡

第四章 服装材料再造艺术表现

材料是产品设计的重要基础，各种服装新材料和再造材料为设计师创作提供了无限可能，设计师应重视对新材料的应用，并积极参与新材料的研发。在科技的推动下新型服装材料不断产生，由于每种材料的特点不同，风格不同，性能不同，设计师的创作灵感被不断激发，创作出了深受消费者欢迎的新产品。然而随着艺术思潮的更迭发展，人们审美不断提高，服装材料的图案、色彩、肌理、质感、性能等大量地被艺术化，被运用到设计创作之中，个性化的时代特征在服饰材料上的表现更加丰富，强调肌理，强调解构，强调多变，注重多元融合。当今在时尚环保可持续理念下，设计师抓住对民族传统技艺的吸收、挖掘，民族传统元素和制作工艺被不断利用。

第一节　设计元素在材料再造中的多样运用

材料支撑着设计师所有的创意和情感表达，材料在服装设计中的作用日益重要，有些设计立意于材料的多样性，比如三宅一生不断创新材料形态从而改变人的着装习惯和审美态度，服装材料经再造改变原有材料的形态、性能，从而满足创作需求。设计师对于材料的选择和运用一般从色彩、图案、质地、肌理、后染整工艺等因素来考虑，并将这些元素进行巧妙的结合从而形成独特的风格。

一、色彩元素运用

物体最先映入眼帘的是色彩，服装的色彩是流行中最鲜明的因素，每年国内外流行机构发布色彩流行趋势，引导服装色彩的流行方向，每种面料的色彩和其在服装中不同颜色搭配使服装视觉千变万化。色彩的运用是设计中必不可少的表现方法，色彩设计体现着设计师鲜明的艺术个性，它可以丰富层次也可以增加现有的形式和内容，不同色彩面料的重组是设计构思的一部分，它必须遵循色彩的配色规律，营造出不同的意境。

（一）同类色搭配

同类色指一个颜色的明度变化所产生的对比，在材料再造中运用同类色相互搭配的方法可以产生十分和谐统一的视觉效果，使整体风格协调，初学者比较容易把握。在创作过程中为打破同类色搭配过度和谐的效果，往往会利用面料材料和肌理变化产生对比关系（图4-1、图4-2）。

（二）邻近色搭配

邻近色是色彩色相环相邻近的色彩关系，邻近色搭配风格较同类色活泼，在运用过程中要注意不同颜色面积大小的安排，面积大的颜色作为主色调，面积小的颜色会形成弱对比的点缀关系（图4-3、图4-4）。

图4-1　同类色搭配（1）

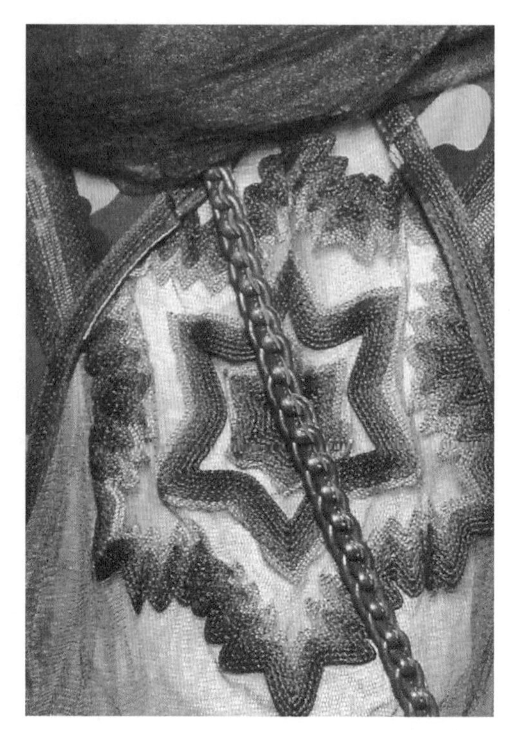

图4-2　同类色搭配（2）

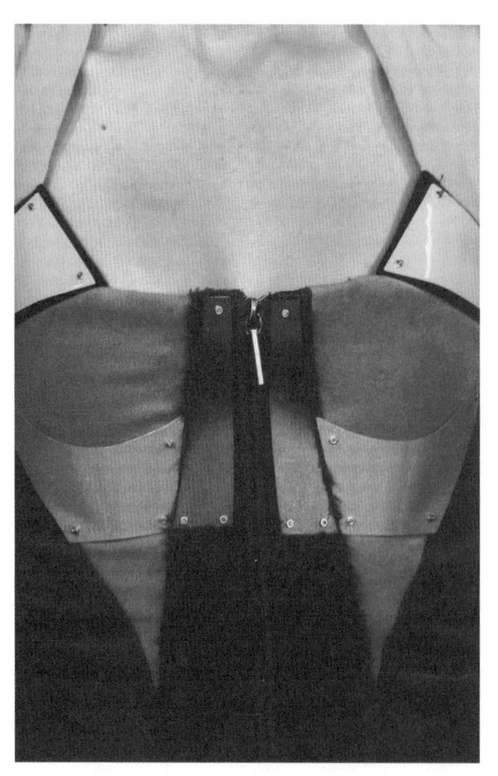

图4-3　邻近色搭配（1）

图4-4　邻近色搭配（2）

（三）对比色搭配

对比色搭配俗称撞色，所产生的视觉冲击力较强，在民间民族色彩搭配中运用较多，形成明显的民族风格（图4-5、图4-6）。

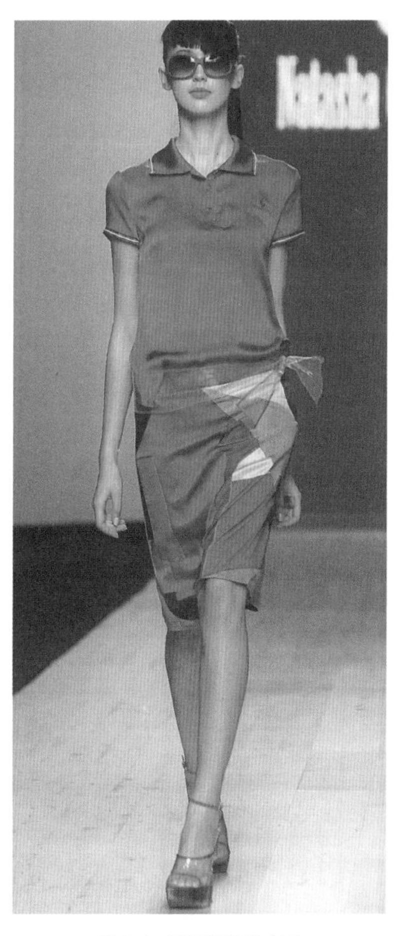

图4-5　对比色搭配（1）

图4-6　对比色搭配（2）

二、图案元素应用

服装上的图案大多分两大类，一类图案是通过手工印、染、织、绣、绘等手工艺来实现的；另一类是机器印花、数字印花、3D打印等，图案风格的多样化决定服装风格的多样性。随着科技的发展，不断研发出新的印染工艺，手绘风格、写意风格、写实风格、装饰风格、仿各种纹理（如仿刺绣、仿织锦、仿豹纹等）、仿旧风格、立体风格……都可以以机器印染手段直接表现出来，图案丰富的面料为设计师追求不同的风格提供了可能，设计师可以用最简单的形式表达出无限的效果（图4-7、图4-8）。

图4-7 图案元素应用（1）

图4-8 图案元素应用（2）

三、质感应用

材料的质感是指因组织结构不同所产生的触觉和视觉差异，如面料的软与硬、厚与薄、光滑与凹凸、有光泽和无光泽等。富有鲜明质感的服装会给人以强烈的视觉冲击力，产生丰富的联想，同时又可以迎合现代人追求个性的心理，提升产品的市场价值。不同质感的材料搭配要讲究技巧，通常种类不宜太多，以达到相互衬托的效果（图4-9、图4-10）。

四、肌理应用

材料的肌理形成是由制造工艺、后整理工艺和材料再造工艺实现的，制造肌理是设计师最常用的方法之一，尤其是高级时装设计中的肌理设计让设计师煞费苦心，数以百计的小褶，数不尽的亮片，大面积的手工刺绣都要耗费大量的时间和人力，肌理的产生基于奢华的艺术语言。肌理有些是局部应用，有些是大面积整体应用，肌理表现越多装饰感越强（图4-11、图4-12）。

图4-9　质感应用（1）

图4-10　质感应用（2）

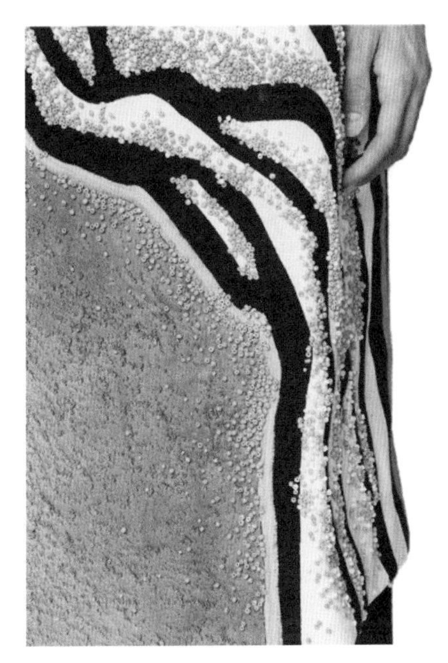

图4-11　肌理应用（1）

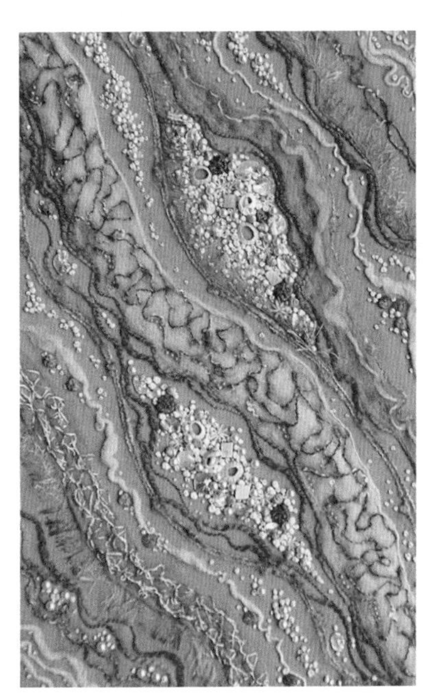

图4-12　肌理应用（2）

第二节　材料再造艺术表现与赏析

服装材料再创造是设计师创新能力的展示，设计师要不断追求层次、空间、肌理等变化，在设计过程中运用面料设计概念大胆尝试，突破常规。合理运用服装材料再造要从设计风格和主题出发思考，不能为了改造而改造。再造理念要和服装款式结构相辅相成，相得益彰。要达到理想的面料效果，探索面料本身的材质美，设计师还要经过不断的艰苦的创作。

一、服装设计专业本科毕业设计作品

服装设计专业本科毕业设计作品如图4-13~图4-19。

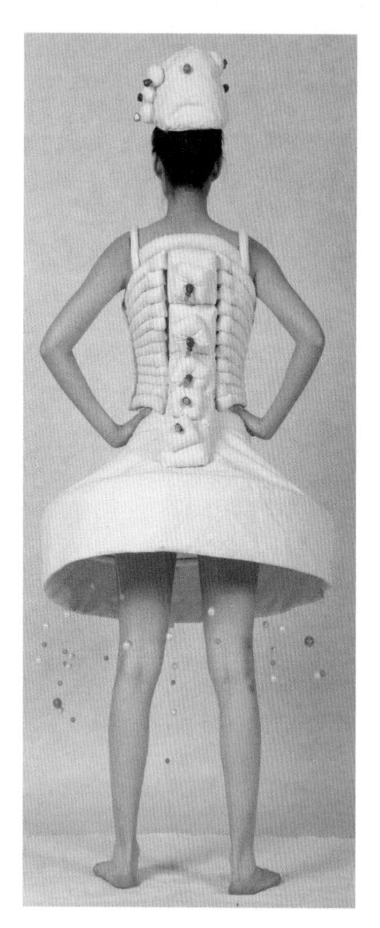

图4-13　服装设计专业本科毕业设计作品（1）

图4-14　服装设计专业本科毕业设计作品（2）

图4-15　服装设计专业本科毕业设计作品（3）

图4-16　服装设计专业本科毕业设计作品（4）

图4-17　服装设计专业本科毕业设计作品（5）

图4-18　服装设计专业本科毕业设计作品（6）

图4-19　服装设计专业本科毕业设计作品（7）

二、国外设计师作品赏析

艺术是呈现心灵的物质再现，艺术语言和逻辑表达是艺术家创作的过程，信息时代的到来，使传统文化生态受到冲击，在当代语境下多元的艺术语言和多样的互动交流可以产生与以往不同的创作手段和展示方式。个性化和适度感、矛盾与和谐、动态与静止，艺术家试图在自身心灵轨迹上寻找材料与形式的统一，创造多元语境，探索跨界融合。艺术表达需要材料和技术，服装材料本身就存在很多可能，内容与形式联系起来将抽象思维成果用服装材料再造手段体现出来。服装材料再造的艺术表现要重视理念表达和传统工艺的再利用。理念的表达是设计师通过材料创造使设计创造出独特风格，如日本著名设计师及同名品牌三宅一生，充分运用褶皱肌理使人从款式及立体裁剪的概念剥离出来，更关注着装状态，更关注自我与环境的关系，将东方文化诠释得淋漓尽致。由于传统工艺使用时间久，在某一地区已形成了固定的艺术感受并不断传承下来，特别是我国民族服饰手工艺，需要将传统工艺在现代设计中呈现出新的形式，打破传统认知，从而使其焕发新的表现力（图4-20~图4-36）。

图4-20　国外设计师作品赏析（1）

图4-21　国外设计师作品赏析（2）

图4-22　国外设计师作品赏析（3）

图4-23 国外设计师作品赏析（4）

图4-24 国外设计师作品赏析（5）

图4-25 国外设计师作品赏析（6）

图4-26 国外设计师作品赏析（7）

图4-27　国外设计师作品赏析（8）

图4-28　国外设计师作品赏析（9）

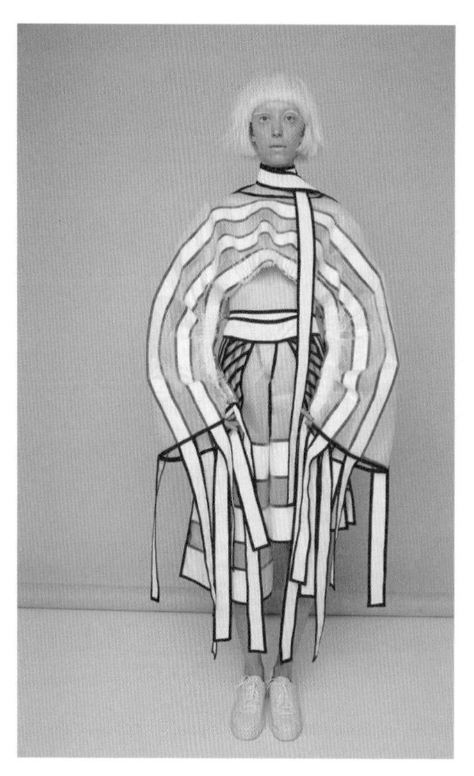

图4-29　国外设计师作品赏析（10）

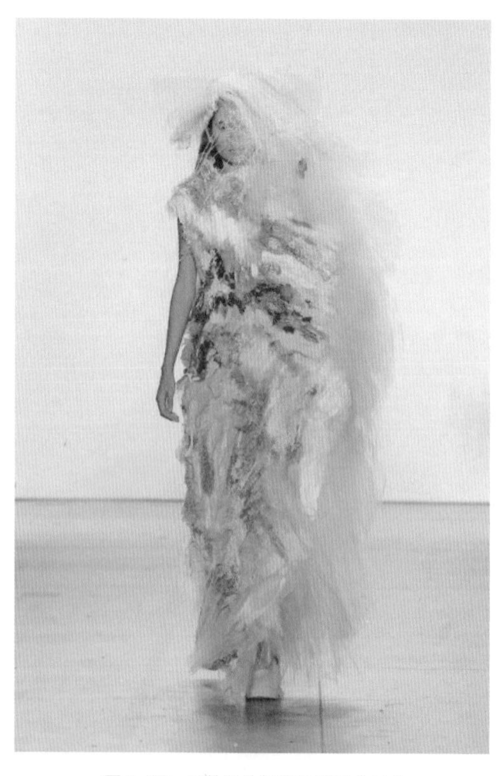

图4-30　国外设计师作品赏析（11）

图4-31　国外设计师作品赏析（12）

图4-32　国外设计师作品赏析（13）

图4-33　国外设计师作品赏析（14）

图4-34　国外设计师作品赏析（15）

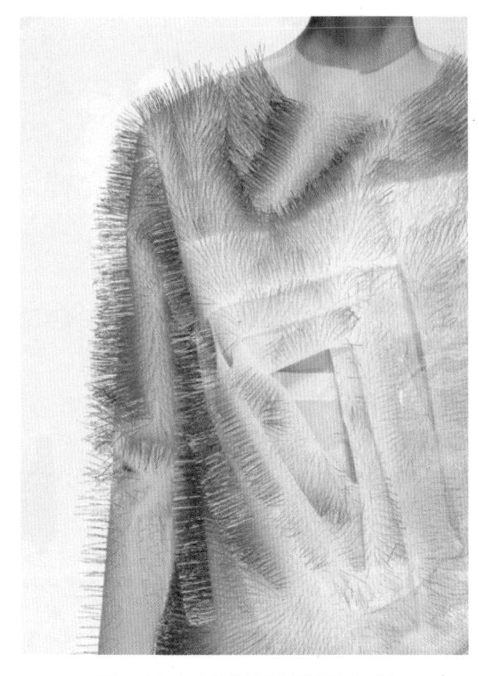

图4-35　国外设计师作品赏析（16）

图4-36　国外设计师作品赏析（17）

参考文献

[1] 朱松文，刘静伟. 服装材料学（第二版）[M]. 北京：中国纺织出版社，1994:40–76.

[2] 周璐瑛，吕逸华. 现代服装材料学 [M]. 北京：中国纺织出版社，2002:102–124.

[3] 黄钦康. 中国民间织绣印染 [M]. 北京：中国纺织出版社，1998:33–51.

[4] 马大力，冯科伟，崔善子. 新型服装材料 [M]. 北京：化学工业出版社，2006:12–24.

[5] 郑巨欣，朱淳. 染缬艺术 [M]. 杭州：中国美术学院出版社，1993:15–36.

[6] 叶智勇. 实用服饰手工印染技法 [M]. 北京：中国纺织出版社，1994:58–93.

[7] 严世涛. 黔西南苗族服饰 [M]. 贵阳：贵州民族出版社，2004:53–68.

[8] 杨文斌，杨策. 苗族传统蜡染 [M]. 贵阳：贵州民族出版社，2002:98–117.

[9] 殷海山. 中国少数民族艺术词典 [M]. 北京：民族出版社，1991:111–143.

[10] 缪良云. 中国衣经 [M]. 上海：上海文化出版社，2000:134–136.

[11] 王朝闻，张晓凌. 中国民间美术全集5·穿戴编·服饰卷·上 [M]. 济南：山东教育出版社；济南：山东友谊出版社，1994:132–188.

[12] 韦荣慧. 中华民族服饰文化 [M]. 北京：纺织工业出版社，1992:24–102.